La solución a los costos ocultos del petróleo ..

Y al calentamiento global…es

LA TRANSICIÓN ENERGÉTICA:

LA GRAN OPORTUNIDAD DEL SIGLO XXI

La Era de las Energía Limpias

Jesús Antonio Cuéllar Jiménez

...y disminuirían el calentamiento global...
para esto debemos hacer un balance
y decidir como humanidad,
qué nos conviene
para sobrevivir.

J. Antonio Cuéllar Jiménez

ANTECEDENTES: Conferencias e Impresión

TITULO: *"Y Después del Petróleo ... ¿Qué?"*

Derechos de autor:

JACJ0320191216362100-01

LA TRANSICIÓN ENERGÉTICA: LA GRAN OPORTUNIDAD DEL SIGLO XXI

Edición: Barker and Jules™

Primera edición - 2020

I.S.B.N. | 978-1-64789-220-3
I.S.B.N. eBook | 978-1-64789-221-0

BARKER & JULES, LLC
2248 Meridian Blvd. Ste. H, Minden, NV 89423

Este libro es un homenaje a los miles de científicos e investigadores que, a través del tiempo, en tan diversos países, han dedicado parte de sus vidas a estudiar la influencia del Homo sapiens de la Era Industrial sobre la naturaleza.

Algunos de estos investigadores lo hicieron en contra de las posiciones de poder de los gobernantes escépticos y/o con intereses particulares para favorecer al sector de combustibles fósiles y otros por cuenta propia, auspiciados por gobiernos o universidades, entre estos últimos, el Dr. Mario Molina Henríquez premio Nobel de Química, al cual agradezco por su amabilidad al por haberme invitado a dar mi opinión sobre las energías alternas como miembro del Consejo Consultivo de Cambio Climático C4, y haberme permitido participar como ponente con el tema de éste libro en la COP 16 de Cancún en Dic 2010.

La evidencia proveniente de diversos campos de investigación respecto a la necesidad de dar un gran salto para establecer a las energías alternas como las fuentes principales de energía es abrumadora y provee de argumentos suficientes para convencernos de la urgencia de remediar, en corto tiempo, los daños causados al planeta.

La presente obra consolida y analiza los resultados de muchas investigaciones para que sirvan a las organizaciones en diferentes naciones a decidir la manera en que deseamos vivir los próximos años y determinar el curso de la humanidad.

Gracias a la Dra. Silvia Torres Peimbert, compañera de estudios desde el inicio de nuestras carreras, investigadora emérita en el Instituto de Astronomía de la UNAM, primera doctora de astronomía en México, vicepresidenta y presidenta de la Unión Astronómica Internacional, medalla al Mérito en Ciencias, por haber redactado el prólogo al presente trabajo, me siento muy honrado y agradecido.

A mis hijos, Marc, Daniel y Cathy, así como a mi esposa Suzie, compañera de la vida, quienes escuchan mis sueños y son crítica de mis locuras.

Puebla, 2020.

El tema de la presente obra se ha presentado en varias conferencias actualizándolo y adaptándolo para cada evento:

- *Foro de Energías Alternas* — *Puebla, 2007*
- *XIX Congreso de Ahorro de Energía* — *Guadalajara, 2008*
- *Recomendación como CCDS y C4 para la COP-16* — *Cancún, 2010*
- *XL Semana Nacional de energía Solar* — *Puebla, 2016*

40 AÑOS ANES Asociación Nacional de Energía Solar

XL Semana Nacional de Energía Solar 2016
17 AL 21 DE OCTUBRE
CENTRO EXPOSITOR PUEBLA, MÉXICO
¡OH TIERRA DEL SOL!
"Transición Energética para el Desarrollo Sustentable"

ISES International Solar Energy Society

CONTENIDO

Segunda Parte

Conclusión:

PRÓLOGO

El aumento de la población mundial, y su correspondiente necesidad de energía para alimentación, vivienda, transporte y otros satisfactores ha incrementado en forma desordenada la alteración del medio ambiente en muchos aspectos importantes. Está ocurriendo el llamado "calentamiento global" que se refiere a que en el sistema climático de la Tierra se observan mayores temperaturas globales. Al comparar la situación desde antes de la revolución industrial hasta el presente, se puede apreciar un aumento de temperatura y los pronósticos hacia el futuro son alarmantes. Es, por tanto, de gran interés revisar los factores que han llevado a este fenómeno.

El calentamiento a largo plazo del sistema climático de la Tierra observado desde el período preindustrial debido a actividades humanas, principalmente la quema de combustibles fósiles ha aumentado los niveles de gases de efecto invernadero que atrapan el calor en la atmósfera de la Tierra. Por su parte, la generación de energía nuclear produce conjunto de problemas ambientales.

Los registros de datos climáticos proporcionan evidencia de indicadores clave del cambio climático, como: el aumento de la temperatura global de la tierra y el océano, el aumento del nivel del mar, la pérdida de hielo en los polos de la Tierra y en los glaciares de montañas, la mayor frecuencia y poder destructivo de huracanes, olas de calor, incendios forestales, sequías, inundaciones y precipitaciones, los cambios en vegetación y migración de fauna, entre otros efectos. En todo caso, ahora sabemos que está ocurriendo un calentamiento desmesurado que está alterando de manera irreversible nuestro entorno.

Al escribir este prólogo, recibí con gran preocupación los resultados de la reciente Conferencia de las Naciones Unidas sobre Cambio Climático (COP 25) a la que asistieron representantes de más de doscientos países para buscar acuerdos entre las naciones y lograr compromisos firmes que llevaran a evitar catástrofes futuras por el calentamiento del planeta. Con tristeza comento que esta reunión cumbre fracasó y que los acuerdos son muy tibios e insuficientes para lograr el objetivo principal: aminorar el ascenso de temperatura del planeta. Se requiere una verdadera revolución industrial y tecnológica que no todos los países están dispuestos a realizar y otros países no están en posibilidad hacerlo. En palabras de Antonio Guterres, el secretario general de las Naciones Unidas: "Estoy decepcionado con los resultados. La comunidad internacional perdió una oportunidad importante para mostrar mayor ambición... pero no debemos rendirnos" (15 de diciembre de 2019).

El autor de este libro, Antonio Cuéllar, estudioso de los mecanismos de generación de energía mediante recursos renovables (principalmente solares) presenta un relato muy completo de las distintas formas de obtener energía y las consecuencias ecológicas que cada una produce. Hace un llamado a detener el deterioro ambiental, a tomar conciencia de la situación global y a buscar acuerdos para reducir entre otras afectaciones, las emisiones de gases que aumentan el efecto invernadero - el dióxido de carbono (CO_2) y el metano (CH_4); asimismo a detener el deterioro ambiental producido por reactores nucleares. Como alternativa viable presenta ejemplos de las soluciones que han adoptado distintos países sobre la energía eólica y energía solar y propone que estas medidas se adopten en nuestro país y globalmente.

Es un texto muy amplio que nos invita a reflexionar sobre el futuro de la humanidad

Dra. Silvia Torres Castilleja
Ciudad de México a 19 de diciembre de 2019

PREFACIO

La humanidad y su relación con las energías fósiles

La historia del hombre sobre la tierra está íntimamente relacionada con los diferentes tipos de energía desde que el ser humano descubrió el calor del sol, la fuerza del viento y las corrientes de agua. Se dio cuenta que eran independientes de su voluntad y más potentes que su fuerza o la de los animales. Descubrió el origen del fuego causado por la descarga de un rayo en el bosque. La evolución de la especie humana empezó cuando, en diferentes continentes, se dio *uso al fuego. Podemos llamarle el despertar de la inteligencia*.

En la mitología griega, por cierto, Prometeo fue castigado por Zeus al dar el fuego a los hombres.

Los *primeros combustibles* fueron sin duda la *madera* y la *grasa de animales* originando el *carbón vegetal*. Enseguida, la combinación del fuego con el viento inició el progreso pasando de la Edad de Piedra a la Edad del Plomo, del Bronce y del Hierro. En algún momento, se llegó a quemar aceite mineral o sea *"petra óleum"*. Fue Ibn Al-Räzi, un alquimista persa que, por primera vez, destiló este petróleo en el siglo X, obteniendo así, queroseno para las lámparas.

Con *carbón vegetal*, se fundía el hierro en hornos bajos. Fue en 1855 que *Henry Bessemer* introdujo *carbón mineral* en un alto horno. Así fundió el mineral de fierro que produjo arrabio líquido, iniciando así la Era del Carbón. El mismo Bessemer descubrió que soplando aire en el hierro líquido se formaba acero. Es así como *inició* la etapa de la *revolución industrial*: la máquina de vapor para la industria textil, el ferrocarril y los barcos de vapor se fabricaron con acero y todos, además, quemaban carbón mineral. En esa época, *empezó la contaminación del aire por las emisiones de CO_2, pero sin control*, por ignorar que se acumularían en la atmósfera.

Luego, el *incremento de la población mundial y sus necesidades* requirieron de diferentes formas de energía. En un principio, eran, solo la fuerza humana, animal, del viento y corrientes de agua. Con el avance de la ciencia, se descubrieron otros tipos de energía: la mecánica, térmica, cinética, eléctrica, magnética y química. A principios del siglo XX, casi todas ellas se lograron satisfacer con el uso del carbón, del petróleo y sus derivados.

Así inició el siglo del progreso acelerado, cueste lo que cueste, ignorando las consecuencias o no dando importancia a quienes advirtieron sobre "el Calentamiento Global".

CALENTAMIENTO GLOBAL

INTRODUCCIÓN

Desde la formación de la Tierra, cuando solo era un continente, las *erupciones de los volcanes* eran muy abundantes, mucho más intensas y frecuentes de las que conocemos. Estas, acompañadas de gases muy calientes, **SO_2, CO_2, NO_2** y vapor de **agua**, formaron una *atmósfera sin oxígeno*. Millones de años después, cuando la tierra empezó a enfriarse, el vapor de agua se condensó y llovió durante unos millones de años. La tierra se enfrió más, se separaron los continentes y se formaron los océanos.

Hace 3,500 millones de años, tuvo lugar la primera glaciación que duró varios millones de años. En esa época, hace unos 2,000 millones de años, murieron congeladas las primeras bacterias anaerobias, *alternándose períodos importantes de calor con siglos de frío*. Una causa podría ser las variaciones de la órbita terrestre alrededor del sol. Estos cambios del clima fueron regionales.

Durante ese tiempo, el *agua empezó reaccionar, formando óxidos* de los elementos de la corteza terrestre; esos óxidos se combinaron con otros elementos de la naturaleza formando *sales y compuestos* como sulfatos, nitratos y **carbonatos.**

Después de la Cuarta Era del Hielo, hace unos 300 millones de años, cuando las condiciones del agua fueron propicias a la formación de las **bacterias** que, con los rayos del sol, realizaron la **fotosíntesis**, se generó finalmente el **oxígeno.**

Así empezó la vida, en el mar y pasaron mil millones de años durante los cuales se fue integrando gradualmente el oxígeno a la atmósfera.

Hace 3 millones de años aconteció la Quinta Era del Hielo que perdura hasta nuestros días. Quinientos mil años más tarde, la atmósfera alcanzó el *equilibrio preciso entre nitrógeno, oxígeno y otros gases* permitiendo la evolución de otras especies sobre la tierra, entre ellas el hombre, hace apenas 2.5 millones de años.

Las condiciones cambiaron en la superficie a medida que se enfriaba el planeta y se dilataba para separar más los continentes, distribuyendo el agua de los mares. Los climas no estaban definidos completamente. Los movimientos de rotación y traslación de la tierra al rededor del sol, a través de las eras geológicas, regularizaron las estaciones y se definieron los climas con ciertas variaciones, según la latitud en los hemisferios y el relieve de los suelos.

Cierto es que, durante esos millones de años, en algunas épocas, esa relativa estabilidad se alteraba por las cenizas de las erupciones siempre presentes, arrastradas por los vientos y la rotación de la tierra, cubriendo grandes extensiones que pudieron causar cambios temporales en el clima al interrumpir la radiación solar durante largos periodos de tiempo. Efectos semejantes pudieron ser causados por la caída de meteoritos levantando polvo, dando lugar al periodo dicho de la *Gran Obscuridad*.

Las investigaciones de muchos científicos realizadas en las capas de los hielos arrojaron grandes cantidades de datos de flora, fauna, composición del aire, CO_2, y del agua a través de los siglos. Esa información se complementó con datos obtenidos de los anillos de los árboles, de los depósitos calcáreos de crustáceos. *Estos datos fueron suficientes para concluir las temperaturas promedio de la atmósfera por épocas, desde el año 1 de nuestra era hasta nuestros días.* Todas esas gráficas ilustran la historia del clima mundial y las variaciones en la composición de gases.

La gráfica siguiente representa las variaciones normales de temperatura de la atmósfera que siguen unos patrones, repitiéndose en el tiempo, hasta que cambia a una línea ascendente continua sin retroceso a partir del año **1908. Es ahí donde el deterioro del clima empieza con el incremento continuo de temperatura de la atmósfera.**

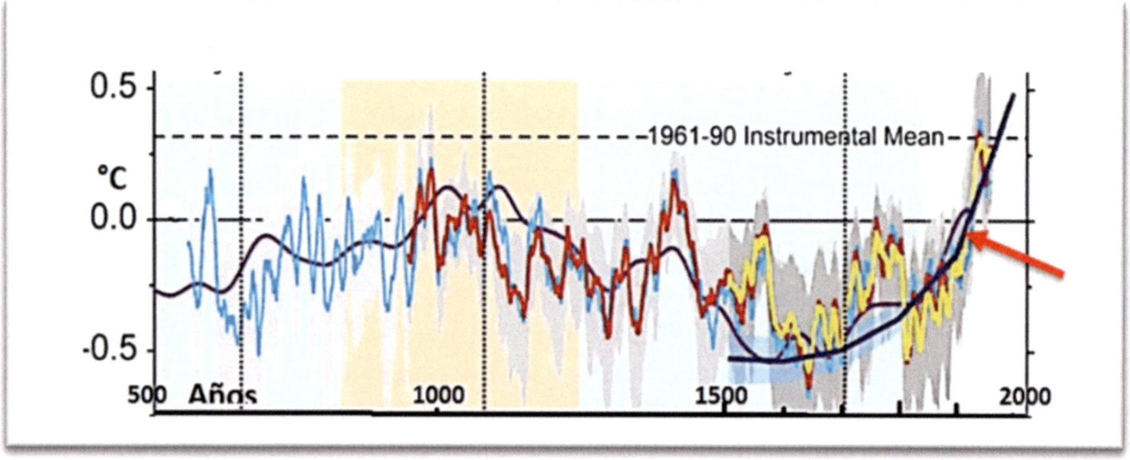

Figura 1. Variación de Temperatura de la Atmósfera a través de 2,000 Años (1)

En resumen, la naturaleza tardó *4,500 millones de años* en dar a la humanidad una atmósfera con un equilibrio perfecto en composición y temperatura para la vida de todas las especies sobre la tierra y al "*Homo sapiens*" (¿?), le tomó *un siglo destruirla.*

En los siguientes capítulos, en una primera parte, veremos cronológicamente las etapas de los indicadores del calentamiento global, la influencia de los distintos factores de este, una representación gráfica de la relación de cada uno de los factores con sus diferentes etapas y la aportación de estos factores al incremento de CO_2 y desprendimiento de calor a la atmósfera.

En la segunda parte, veremos los *adelantos y el potencial* de las energías "verdes" utilizadas por las diferentes tecnologías limpias generadoras de electricidad, ignoradas por los "negacionistas" del calentamiento global.

Veremos las capacidades instaladas de las tecnologías alternas en diferentes países, así como las perspectivas a nivel mundial que permitirán la transición energética de la economía de los combustibles fósiles a la economía de las energías limpias.

I. CRONOLOGÍA DEL CALENTAMIENTO GLOBAL ANTROPOGÉNICO

1751 ***El "Calentamiento Global" se inició con la "Revolución Industrial*** "a base de la combustión de carbón mineral en Inglaterra y norte de Europa.

1859 **TYNDAL John** concluyó que *"algunos gases de combustión bloquean la radiación infra roja y podrían alterar el clima".*

1895 **ARRHENIUS Svante** calculó por primera vez: *el impacto que el aumento del dióxido de carbono podría tener en la temperatura de la Tierra.*

1938 **CALLENDAR Guy** analizó datos de los siglos XIX y XX y concluyó que: *se había incrementado 10% el CO2 desde 1900.*

Publicó **"THE ARTIFICIAL PRODUCTION OF CO_2 AND ITS INFLUENCE ON TEMPERATURE"** lo que se conoció como el efecto Callendar, o efecto invernadero *provocado por gases, principalmente CO_2, SO_2, NO_X, CH_4 y CFC llamados GEI.*

1940 **La concentración de CO_2 rebasó las 300 ppm** de concentración en la atmósfera *después de 650,000 años.*

1957 **REVELLE Roger.** Calculó: *el balance del CO2 en los océanos y el efecto del calentamiento global sobre la temperatura promedio del planeta.*

1958 **KEELING Charles D.** del laboratorio de **Mauna Loa**, puso fin a la polémica al publicar **"LOS PRIMEROS REGISTROS PRECISOS DE LA CONCENTRACIÓN DE CO_2 EN LA ATMOSFERA" relacionándola** con la temperatura promedio de la Tierra. En ese año, el dióxido de carbono era 315 ppm.

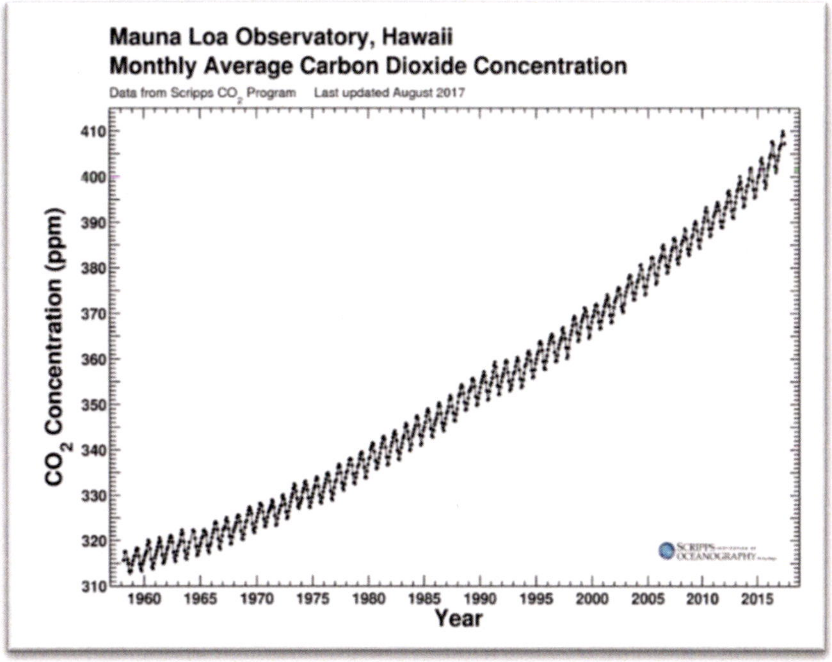

Figura 2. CO2 Atmosférico en el Observatorio de Mauna Loa (2)

La Curva de KEELING, muestra la concentración de dióxido de carbono en la atmósfera: las variaciones se deben a la inclinación de la tierra, en primavera el hemisferio norte está más cerca del sol y la vegetación absorbe CO_2 liberándolo en otoño.

1972 **MEADOWS Dennis del Club de Roma**, publicó "LOS LIMITES DEL CRECIMIENTO", basado en *un modelo computacional predictivo* que relaciona el uso elevado de combustibles fósiles y los efectos en el medio ambiente a largo plazo.

1977 Jimmy CARTER, presidente de los EE.UU., *en un mensaje a la nación*, anunció la **tercera transición energética, de petróleo y gas:**

> *"Regresar al carbón temporalmente y pasar permanentemente a las fuentes de energía renovable como el sol".*

La leyenda de la primera planta termo solar en el Desierto de Mojave, EE.UU. es: *"La Tecnología Solar, Preparada para Asumir el Relevo desde 1975"*

CARTER Jimmy, Miller Center Public Affairs. University of Virginia. Abril 18, 1977.

EL CO2 EN LA ATMOSFERA ERA 350 PPM, LA TEMPERATURA PROMEDIO DE LA TIERRA, 0°C DE 1940 A 1975.

1979 Se estableció el *Programa de Investigación del Clima Mundial*. (*CARTER Jimmy*)

1981 **BALDWIN Malcolm Forbes**, del "Council for Environmental Quality", dijó: *"No puede haber preocupación más importante que la protección de la tierra misma".*

1981-1989 El siguiente Presidente de EE.UU., **Ronald REAGAN** no *creyó en el calentamiento global*. Fue la década en que *se hubiera podido frenar este fenómeno*:

"THE DECADE WE ALMOST STOP CLIMATE CHANGE" STEINMETZ George, *Aug.1, 2018*

> *"Dieciocho meses de entrevistas y reportajes de trabajos de científicos, activistas y políticos americanos para informar cómo enfocar el CG y ¡Cuán cerca de resolverlo estuvieron!"*

RICH Nathaniel Photographs and words by STEINMETZ George, Aug.1, 2018.

Algunas petroleras, incluyendo EXXON y SHELL, mostraron buena fe para comprender y resolver la crisis con posibles soluciones. La Casa Blanca **solicitó a la** Academia Nacional de Ciencias **incluir en la** agenda internacional, *la solución al incremento de CO_2,* como tema importante **que incremente la cooperación y disminuya la manipulación política y la división.**

> *"Si el mundo hubiera adoptado la propuesta ampliamente apoyada al final de los años 80, el congelamiento de las emisiones de carbono, reduciendo el 20% para el 2005, el calentamiento podría haber sido menos de 1.5°C".*

RICH Nathaniel Photographs and words by STEINMETZ George, Aug. 1st., 2018.

1988 **La ONU** establece **Planes Intergubernamentales para frenar el calentamiento global (IPCC)** y **el Programa de las Naciones Unidas para luchar contra el calentamiento global (PNUMA).** Pero concluyen que: *"El incremento de temperatura es inevitable".*
George H.W. BUSH, en su campaña presidencial, Ag. 31, 1988, prometió:

> *"Those who think we are powerless to do anything about 'the greenhouse effect' are forgetting about the 'White House Effect'. In my first year in office, I will convene a global conference on the environment at White House. It will include the Soviets, the Chinese. The agenda will be clear: We will talk about global warming."*

Sin embargo, el tema perdió importancia para la política americana.

EL CO_2 EN LA ATMOSFERA ERA 345 PPM Y LA TEMPERATURA PROMEDIO DE LA TIERRA ERA 0.22 °C.

1990 **1er reporte del IPCC**: *"El mundo se ha calentado y podría continuar esa tendencia".* **LA AMENAZA DEL CALENTAMIENTO GLOBAL ESTA COMPROBADA.**

1992 **En la Cumbre de Rio**, se adoptó la Convención Marco de las Naciones Unidas sobre el calentamiento global y se propuso:

"Estabilizar la concentración de GEI a un nivel que no altere el sistema climático".

1995 **El informe del IPCC** confirma el calentamiento global e identifica las actividades humanas que las causan.

1997 **El Protocolo de Kioto**, es el instrumento legal de la ONU, para *reducir en 5% las emisiones de GEI de los países industrializados* con base de emisiones de 1990.

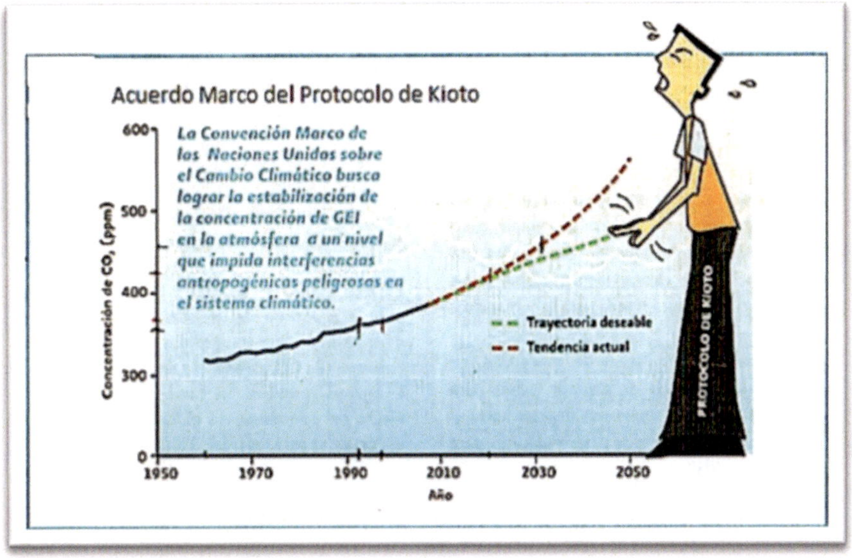

Figura 3. Acuerdo Marco del Protocolo de Kioto (3)

1998 **Bill CLINTON**, Presidente de los EE.UU. firmaron el Protocolo de Kioto, con **Al GORE** como vicepresidente.

2000 *México* ***ratificó*** el Protocolo de Kioto México **como país no-anexo I (país en desarrollo).**

2000 **Al GORE**: que ganó las siguientes elecciones en los EE.UU., (pero **George W. BUSH hijo**, gobernó), **presentó "LA VERDAD INCÓMODA".**

2001-2009 **George W. BUSH**, hijo, Presidente de los EE.UU.

2001 **George W. BUSH** no ratificó el protocolo de Kioto, argumentando que: *"cumplir la meta involucra mucho dinero".* ***Esa decisión lo hace responsable del 20% de las emisiones mundiales¡!****Perdimos la segunda oportunidad para detener el calentamiento global.*

La consigna del binomio BUSH-CHENEY **fue clara***:*

"acabar con el impulso a las energías renovables controlando el mayor número de flujos de petróleo en el mundo"

y cambiaron el nombre: "Calentamiento Global" por "Cambio Climático".

https://www.lavozdegalicia.es/noticia/sociedad/2019/01/21/

Fue George W. BUSH, él que condenó a la humanidad a sufrir el calentamiento global.

EL CO_2 ERA, ENTONCES, 375 PPM Y LA TEMPERATURA DE LA TIERRA, 0.6 °C.

2006 **Sir Nicolas STERN** publicó en "STERN REVUE ON THE ECONOMICS OF CLIMATE CHANGE":

"Corregir el Calentamiento Global costaría 1% del PIB mundial, no hacerlo podría costar hasta 20% del PIB."

2007 **4° informe del IPCC:**

El Calentamiento Global y sus efectos seguirán incrementándose en las siguientes décadas.

Europa **presentó entonces**, el siguiente paquete energético para el año 2020:

- 20% de reducción de emisiones CO_2,
- 20% de ahorro y eficiencia energética,
- 20% de Energías renovables,
- 10% de bio combustibles

2007 **México** elaboró **la Estrategia Nacional del Cambio Climático** (ENACC). Definió las bases de *reducción de emisiones y desarrollo de proyectos con líneas de acción y políticas* del programa especial de cambio climático (PECC)

2009 **México** fue el primer país en desarrollo *que publicó su cuarta comunicación nacional* que incluye **inventario de emisiones y medidas para control para reducirlas al 50% respecto al año 2000,** *impulsando la generación de electricidad con fuentes renovables, solar y eólica.*

2010 **COP 16, Cancún-México. El Presidente, Felipe Calderón** *ratificó los compromisos de México con el Protocolo de Kioto.*

2011 Durante estas décadas:

- el *cumplimiento de las metas estipuladas se estancó* y más aún,
  algunos países *dieron marcha atrás* en las políticas de reducción del uso de combustibles fósiles; **Estados Unidos y Canadá** empezaron *la extracción del gas de esquisto* mediante **el *fracking* y esta técnica destructiva, contaminante, fue adoptada por otros países.**

Aun cuando **China**:

- Ha instalado tecnologías amigables con el planeta, campos eólicos, fotovoltaicos y exporta estas tecnologías,

✶ su **desarrollo industrial** está **basado en la combustión de carbón.**

Alemania, sin embargo,

- redujo el uso de las nucleoeléctricas,

✶ pero, reinició la operación de las **carboeléctricas.**

2011 La Canciller Federal de Alemania**, Ángela MERKEL, decidió adelantar el apagón nuclear** *debido al accidente ocurrido en las centrales nucleares de* **Fukushima,** después del tsunami.

2012 **COP 18 Cumbre de Doha, Qatar**: *prolonga hasta 2020 los compromisos de Kioto* que expiraban ese año (+ Australia, UE, Noruega, y Croacia). Para 2015 el pacto debió incluir los EE.UU., China, India y Rusia.

2015 **El Presidente de los EE.UU., Barak Obama presentó el "plan de Energías Limpias basado en granjas solares y eólicas junto con la conversión de las carboeléctricas a gas** "para disminuir el desprendimiento de CO_2.

La referencia de este video desapareció de las redes: ***https://youtu.be/r4lTx56WBv0***

2015 COP 21 en Paris *terminó sin acuerdos ni compromisos obligatorios y sin liderazgo definido.* **HANSEN James** comentó *"todas fueron palabras sin valor deseando que el calentamiento global no alcance 2 °C"*. La posibilidad que esto se cumpla es de **1 a 20**.

2015 ***Según HANSEN James,***

- ***"2 °C provocarían unos metros de incremento del mar, la desaparición de los arrecifes tropicales y del Golfo Pérsico."***
- ***"3 °C: representaría, además, clima templado en el Ártico y pérdida de las ciudades costeras."***
- ***"4 °C: todo lo anterior y Europa en permanente sequía, parte de China, India y Bangladesh casi desiertos, Polinesia sumergido; el Rio Colorado reducido a riachuelo; el Suroeste de Estados Unidos inhabitable."***
- ***"La perspectiva de 5 °C será el fin de la civilización según los principales científicos del calentamiento global."***

2016 Acuerdo de Paris *sobre el "Clima"*: se firmó el Día de la Tierra.

2016 El actual Presidente de los EE.UU., **Donald TRUMP** *desapareció* ***el tema d*el "Cambio Climático"** *de la pág. web de la* Casa Blanca y los EE.UU. *salieron del* ***Acuerdo de Paris.***

2018 COP24 Polonia: **El incremento de la temperatura es ya de 1.1 °C sobre la base promedio de 14 °C** *"Algunos países no comprenden la gravedad de la crisis."*
Estados Unidos, Rusia, Arabia Saudita y Kuwait, *no apoyan* el Acuerdo de Paris.
"Las decisiones y acciones de los gobiernos están lejos de los ciudadanos y de los científicos." comenta *MARCELLESI Florent, Grupo Verde Español.*

2018 **Donald Trump dio marcha *atrás al "plan de Energías Limpias"* que el Presidente anterior, *Barack Obama*, había implementado para disminuir los GEI EN 35% al 2030**.
El plan de Trump permitirá a las carboeléctricas desprender más CO2 y disminuir así el control sobre las fugas de metano de los pozos de fracking para aumentar la producción. Lo anterior aumentará en 12% los GEI. The Washington Post.

2019 **El Secretario General de la ONU, GUTIÉRREZ Antonio**. convocó: ***Cumbre sobre el Clima el 23 de septiembre en la sede de Nueva York***.
Agenda: *alcanzar los acuerdos de París, con apoyos económicos y políticos para dar el impulso necesario en la "carrera hacia la cima" a países, empresas, ciudades, y sociedad civil, para lograr los Objetivos del Desarrollo Sostenible y del Acuerdo de Paris.*

2019 **Alemania, el 26 de enero 2019**, en sesión de cámaras de gobierno, **decidieron cerrar las 84 carboeléctricas que generan el 40% de la electricidad del país. Ronald Pofalla**, presidente de la comisión de energía anunció:
"No habrá más termoeléctricas quemando carbón en Alemania a partir del 2038."
Las primeras 24 cerrarán antes el 2022.
El 73% de los ciudadanos opinan que *la fecha límite debiera ser 2030 y proponen que se revise la fecha cada 3 años para adelantarla.*

Entre tanto, ***el calentamiento global sigue su desarrollo imparable****, como muestran los registros del* CO_2 *relacionados con el incremento de temperatura como se muestra a continuación:*

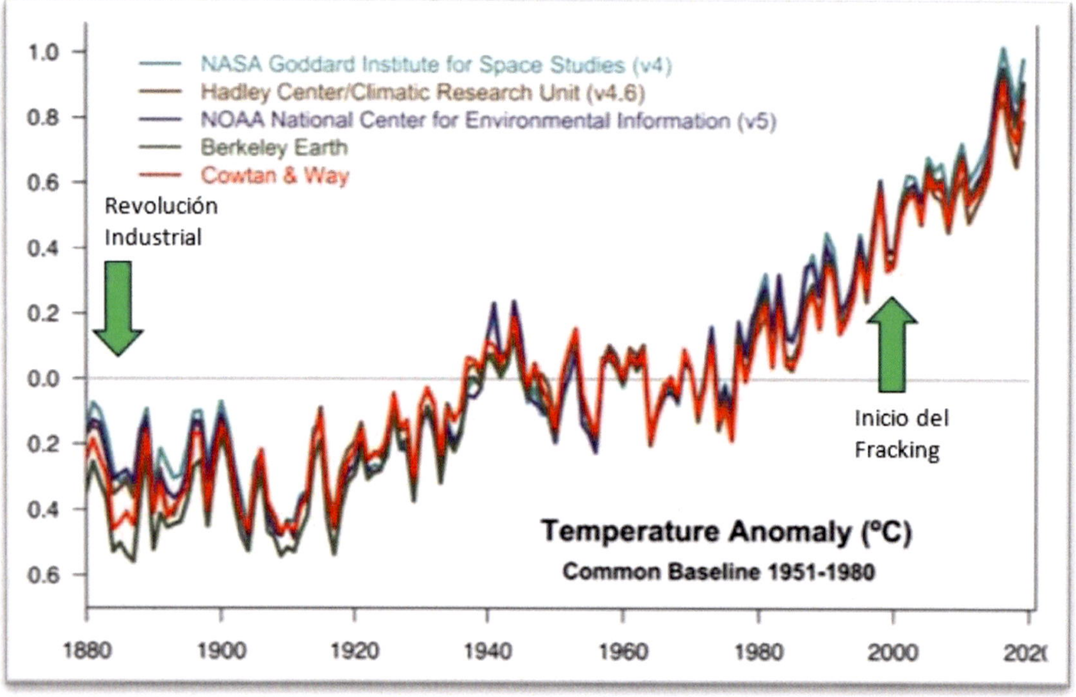

Figura 4. Efecto del Incremento del Bióxido de Carbono Antropogénico en la Temperatura Global (4)

II. MECANISMO DEL CLIMA GLOBAL

1. Mecanismo del Calentamiento Global

Fue en 1513, cuando Juan Ponce de León, navegando hacia el sur en la costa oriente de Florida con viento en popa, notó que retrocedía en vez de avanzar: concluyó que había una corriente poderosa proveniente del sur.

"Es bien sabido que el 70% de la superficie terrestre está cubierta por océanos y que hay corrientes marinas. Esas corrientes en la superficie del mar absorben el 90% de la radiación solar y alcanzan la temperatura máxima al pasar por el ecuador. El clima de la tierra se regula por medio de las corrientes marinas. Las corrientes marinas se *originan* por la rotación de la tierra, los vientos, la salinidad y las diferencias de temperaturas.

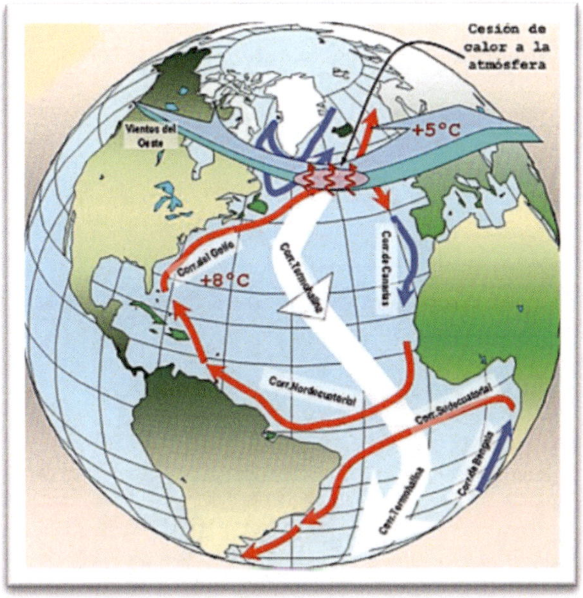

Figura 5. Corriente Marina Termohalina (5)

Los conjuntos de corrientes locales se juntan en un movimiento coordinado de los océanos llamado "**Corriente Termohalina**" ilustrado claramente en la figura anterior.
La corriente "térmica" sigue recorridos en dirección de los polos en ambos océanos. En el recorrido, va perdiendo agua por evaporación, concentrando sal. La corriente del Golfo de México, al pasar frente a la costa este de Estados Unidos, incrementa su temperatura con las descargas de enfriamiento de las nucleoeléctricas y refinerías de petróleo.
Algo similar ocurre en el Atlántico Norte, frente a las costas de Europa. Al llegar al Atlántico Norte, la corriente encuentra vientos fríos del Ártico en Groenlandia y desvía los vientos templados con humedad en dirección de Europa.
La corriente caliente impacta los hielos del polo debajo de la línea de flotación disolviéndolos. Al mezclarse con las aguas del Atlántico Norte se enfría, se contrae, aumenta la salinidad y se hace más densa: se denomina corriente "termohalina". Se hunde para regresar en dirección sur por el fondo marino hasta volver a calentarse en el ecuador.
La corriente termohalina es el motor que distribuye el calor del ecuador alrededor del planeta. Los vientos templados, acarreados por las corrientes marinas, llegan al norte de los continentes para la primavera y el verano del hemisferio norte, haciendo lo mismo para el hemisferio sur."

Cf VIDEO: **"AN INCONVENIENT SEQUEL TRUTH", AL GORE.**

El equilibrio de millones de años de este mecanismo se ha alterado por:

a) **los *GEI que han alterado el albedo*** causando: exceso de temperatura en el ecuador, hacen que el agua del mar capte más calor, aumentando la evaporación de mayores masas de agua, y el incremento de la temperatura del aire provocando vientos más fuertes. Lo anterior **altera la potencia, los ciclos, así como la periodicidad** de los **fenómenos atmosféricos.**

b) ***el incremento de 1°C en el ecuador*** que representa un incremento **de 7 °C en los polos** por la cantidad de calor transportada por **18,927 millones de lt/seg**. Así se explica la fusión de los hielos del Ártico por debajo del mar y la destrucción de los de los hielos polares.

c) ***el exceso de agua de la fusión de los glaciares***, que disminuye la concentración de sal y aumenta el nivel de los océanos.

d) ***las descargas de aguas de enfriamiento al mar*** de los diferentes procesos industriales, como complejos petroleros, complejos siderúrgicos, termo eléctricas de todo tipo, nucleoeléctricas, a través de ríos, lagunas ***y a la atmosfera*** como el vapor caliente de las torres de enfriamiento.

Como ejemplo de contaminación por descargas del sistema de enfriamiento de las nucleoeléctricas, presentamos "EL ANÁLISIS DE LA DESCARGA TÉRMICA DE LA CENTRAL NUCLEOELÉCTRICA LAGUNA VERDE, VERACRUZ, MÉXICO. 2015"

AGUIRRE SÁNCHEZ Daniela Patricia, Unam. M.I. Rodrigo Takashi Sepúlveda Hiros, 2015.

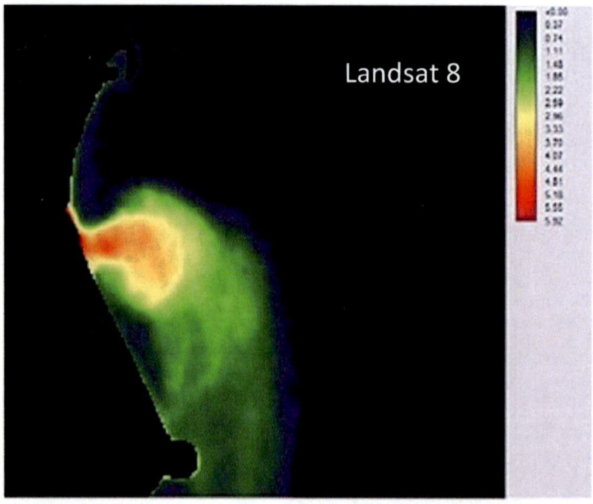

Figura 6. Imagen Térmica de la Descarga del Sistema de Enfriamiento de Laguna Verde (6)

Se aprecia la variación de temperaturas del mar en la zona vecina de la descarga al salir del intercambiador de calor. La radiación infrarroja del agua captada por el satélite se traduce a una escala de colores para indicar las temperaturas del mar. Ese incremento de temperatura altera la vida de las especies en la zona y el calor continuo se agrega a la corriente del Golfo que se unirá a la Corriente Termohalina.

Del 2003 al 2015, la descarga ha incrementado hasta 6 °C en varias hectáreas del mar.

¿Qué pasaría con la vida en la tierra si se fundieran totalmente los hielos de Groenlandia y de los polos?

2. Mecanismo del Enfriamiento Global

La segunda parte del mecanismo del clima global podría suceder si fundieran totalmente los hielos de Groenlandia, los glaciares de los continentes y los polos: el efecto sería:

"La desaceleración o interrupción de la corriente del golfo".

VÁZQUEZ CASTELLAR Nelson, FLANNERY Tim, El clima está en nuestras manos, LOVELOCK James, (GAIA) La Venganza de la tierra, NASA Earth Observatory.

***El siguiente resumen* podría contestar las preguntas plasmadas previamente.**

La corriente del Golfo de México se une a las corrientes de Florida, de Cuba y la Ecuatorial del Atlántico Norte, *aumentando su volumen, temperatura y velocidad.* **Antes** de unirse a la corriente termohalina, tiene un **flujo promedio de 100 Sverdrups**[1] ,100 veces mayor que el flujo del Amazonas en su desembocadura.

Al unirse a la corriente termohalina en la superficie, cubre de 80 a 150 km de ancho y de 800 a 1,200 m de profundidad. La temperatura en la superficie varía entre 30 y 35°C con una velocidad de 1.2 a 2.7 m/seg. En el Atlántico del Norte conserva aún 8°C más que las aguas de la zona, calor que equivale a mayor radiación solar sobre el continente. Como se mencionó antes, en el recorrido ***va perdiendo agua por evaporación y concentrando sal.***

La corriente caliente disuelve los hielos bajo la superficie, lo que causa la caída de los glaciares y al mezclarse **con las aguas del Atlántico Norte, se enfría, se contrae, *aumenta la salinidad y se hace más densa,* se hunde** para regresar al sur, como dijimos antes, por el fondo marino ***hasta volver a calentarse en el ecuador***.

La **corriente termohalina**, como se mencionó previamente, es el **motor que distribuye el calor del ecuador alrededor del planet**a. Es un fenómeno natural que ha sucedido durante milenios, ***manteniendo el equilibrio*** entre la radiación solar que absorbe y distribuye en la tierra para todos los fenómenos naturales, vientos, lluvias, temperaturas alrededor del planeta en la proporción necesaria para todas las formas de vida de las 8.7 millones de especies originales. *El calentamiento global está alterando ese equilibrio.*

El deshielo* de los polos** y de Groenlandia está ***diluyendo la salinidad de la corriente, disminuyendo su densidad e impide que se hunda en la misma proporción y profundidad, reduciendo la velocidad de la circulación correcta de los océanos del mundo. El incremento de la temperatura promedio de la tierra ha causado la fusión de los glaciares de todos los continentes originando inundaciones antes de llegar al mar, disminuyendo los recursos hídricos en las regiones altas. *Las condiciones climáticas tienden a tornarse extremosas, sequias, lluvias torrenciales, ciclones más potentes, zonas templadas tienden a calurosas.*

Ya hay mediciones indicando que el fenómeno está sucediendo: las temperaturas medias del Ártico aumentaron al doble en los últimos 100 años. En el Atlántico tropical está aumentando la concentración de sal mientras que en los polos se están diluyendo.

---

[1] *Medida del flujo de las corrientes oceánicas: 1 Sverdrup = 1,000,000 m^3 de agua/seg/km^2*

El equilibrio del mecanismo climatológico esta alterado y en progreso a mayores manifestaciones. Científicos de diferentes organismos están ya formulando los posibles escenarios. Uno podría ser la disminución progresiva de la velocidad de la corriente termohalina.

Al disminuir la velocidad de circulación de la corriente termohalina, el ecuador acumulara *más calor, habrá mayor evaporación y la salinidad aumentara*. Las lluvias serán más abundantes al norte y sur de los hemisferios, aumentando la dilución del mar en esas regiones.

3. RETOS DEL PRESENTE

En el momento actual, *como humanidad,* estamos ante un "impasse", cuatro grupos se han identificado:

- *los que hemos seguido* las investigaciones realizadas por más de un siglo sobre el calentamiento global: las entendemos y defendemos con razones basadas en hechos y resultados dados por el tiempo en el cambio climático;
- *otro grupo,* ***menor, pero con poder*** *y cuya economía está basada en los combustibles fósiles,* **manejan a los gobernantes de los países poderosos**: no escuchan y desde luego no se dan el tiempo de comprender, fingen ignorar el problema o no les importa;
- el *tercer grupo mayoritario* que desconoce el problema, pero lo sufre.
- el *cuarto grupo, la juventud* que siempre desea cambiar las situaciones heredadas y, hoy en día, gracias a la revolución en las comunicaciones de este siglo XXI, han podido unirse y hecho suyo la causa del calentamiento global enfrenando a los gobernantes porque ellos vivirán las consecuencias. Ellos son los que impulsarán la transición energética. Quieren un cambio rápido y radical.
  Últimamente, jóvenes "Entrepreneur" están ya pasando a la acción.

Primera Parte:

LA REVOLUCIÓN INDUSTRIAL Y EL CALENTAMIENTO GLOBAL

De esta manera,
con el uso del segundo combustible fósil,
el petróleo y sus derivados,
los hidrocarburos saturados,
se inició el progreso del siglo XX.

INTRODUCCIÓN

1. Una Historia para Recordar...Los Autos Eléctricos

Los autos eléctricos se desarrollaron ***antes*** *que* los autos con motor de combustión.

Figura 7. Primer Coche Eléctrico (7)

En 1832, Robert Anderson de Escocia fabricó el primer auto eléctrico, que funcionaba con una pila que no era recargable. Las ruedas se semejaban a las de las motocicletas actuales. La suspensión era similar a las utilizadas en las diligencias.

Figura 8. Primer Coche con Baterías Recargables. (8)

Cincuenta años después, el Ing. Británico **Thomas Parker**, construyó, en 1884, un auto eléctrico con **baterías recargables**. Después de las locomotoras de vapor y los tranvías, se popularizaron los *primeros vehículos autónomos* que *necesitaron de energía* y fue energía *eléctrica.*

Thomas A Edison se enfocó a mejorar los autos eléctricos; aquí un modelo de 1913:

Figura 9. Coche de Thomas A. Edison con Batería Alcalina (9) Anyos Jedlik.

En 1907: **Thomas Alva Edison** inventó una *batería alcalina* de **Ni**, *ligera,* de **1000 millas de autonomía, más durable y menos contaminante que las de plomo,** pero *más cara*. Pensó en fabricar las baterías en gran escala.

Figura 10. Thomas Alba Edison Presentando sus Coches Eléctricos en Diferentes Ciudades (9)

A fines del siglo XIX y principios del siglo XX, los fabricantes de autos eléctricos eran alemanes, británicos, norteamericanos:

1888 Flocken Elektrowagen,
1904 German electric car, MB 2006
1912 Detroit Electric

El futuro de los autos eléctricos parecía asegurado y sin contaminación de CO_2.... *pero, se industrializó el petróleo.*

2. Inicio de la Era del Petróleo

El petróleo significa literalmente "aceite de roca" y es el segundo líquido más abundante en la Tierra. Registros históricos indican el uso del aceite de roca hace 6,000 años como mortero para la construcción, adhesivo para joyería y armas, impermeabilizante para recipientes y botes en Egipto y Mesopotamia.

No es sino hasta la invención de la lámpara de queroseno (1854) y con el invento del derrick (torre de perforación de un pozo petrolero) en 1859 en Titusville P.A. por el Coronel Drake (en el primer plano a la derecha) para extraer más rápido el aceite mineral, que se inicia la Era del Petróleo.

Figura 11. Primer Derrick en un Pozo de Petróleo (10)

El petróleo se destiló para separar los diferentes hidrocarburos, los combustibles ligeros, gasolinas y diésel, de los residuos pesados.

Estos últimos derivados del petróleo se usan en motores de combustión de todo tipo de transportes desde 1910 en automóviles, trenes, barcos y aviones.

I. EL USO DE LOS COMBUSTIBLES FÓSILES Y EL INICIO DEL CALENTAMIENTO GLOBAL

A lo largo del siglo XX, ciertos acontecimientos clave marcaron de forma clara cambios en el consumo de energéticos (fig. 12):

Así se aprecia que, en la **primera mitad del siglo XX**, los pequeños cambios de consumo de energéticos coinciden con:

- el uso de los motores de combustión,
- la primera guerra mundial
- y la gran depresión económica.

Después de la segunda guerra mundial:

- el crecimiento de la población mundial
- aumentó la demanda de bienes de confort

y coincide con el incremento del uso de los combustibles.

Con el progreso de la segunda mitad del siglo XX,

- el consumo de combustibles fósiles aumentó en 666%.

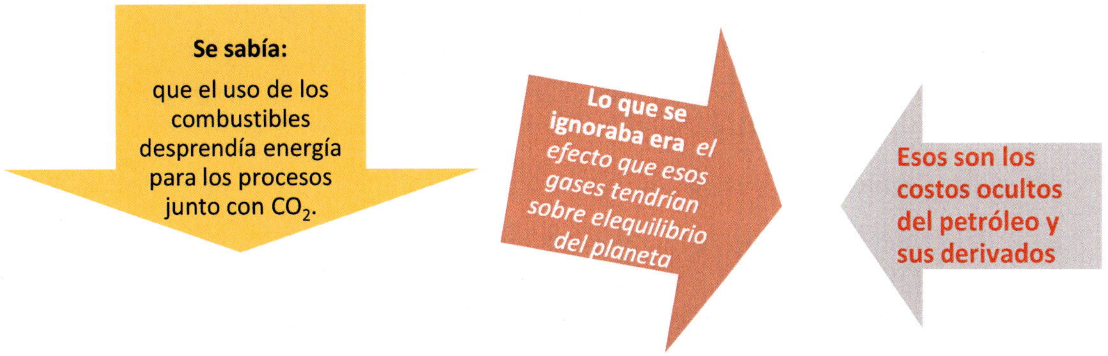

Cualquier combustión se dispersaba en el aire y pasado un momento, no se veía humo.

Sin embargo, **John Tyndall en 1859,** estudiando esos gases***, concluyó que***:

- *cambiarían la concentración de los gases que forman la atmósfera y*
- *podrían alterar el clima al bloquear la radiación infrarroja.*

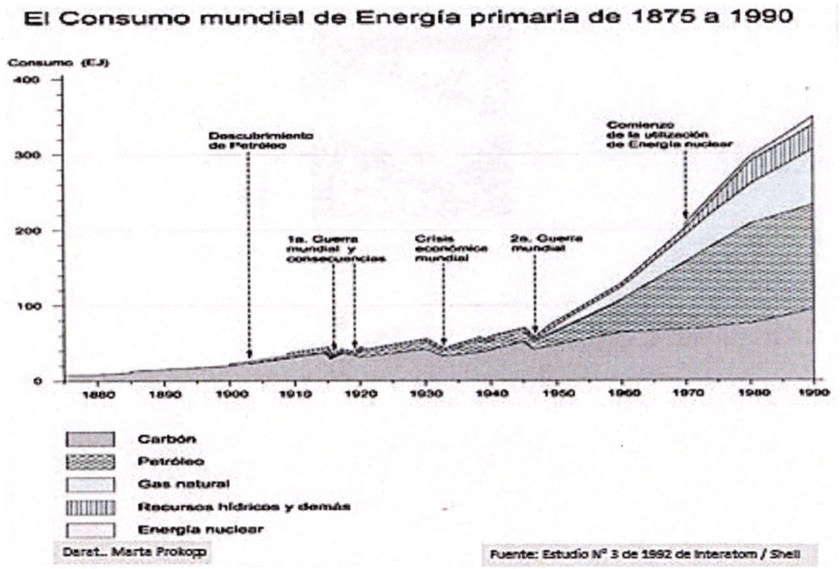

Figura 12. Consumo Mundial de Combustibles Fósiles y el Incremento del CO2 en la Atmósfera (11)

1. Historia de los Autos de Motor de Combustión Interna

En 1908, un antiguo colaborador de Edison, **Henry Ford**, sacó a la venta un auto con el" infernal motor de combustión" que era *más barato por fabricarlo en serie* y desde entonces, el combustible es gasolina y desprende CO_2, SO_2, NOx, **dando por consecuencia, *el inicio inusual al "Calentamiento Global"*.**

Figura 13. <u>Sistema de Producción en Cadena</u> EE.UU.do por H. Ford, basado en los relojes Omega de Suiza. (12)

Esa producción en cadena fue el gran secreto del progreso automotriz.

Figura 14. Producción Masiva de Automóviles en Ford Motor Company. (13)

La demanda de automóviles **fomentó** el cracking del petróleo **para generar** gasolinas**.** El desarrollo industrial de la post guerra **requirió, por ende,** mayor cantidad de combustibles.

*El consumo de gasolinas y combustibles derivados del petróleo para los transportes inicio **la primera etapa** del calentamiento global.*

2. Uso de CFC, Cloro-Fluoro-Carbonos y su Efecto en el Calentamiento Global (CG)

Los CFC, *derivados de los hidrocarburos saturados*, se desarrollaron como refrigerantes de medicamentos después de la primera guerra mundial.

En esa época, se ignoraban los efectos **que tendrían en el medio ambiente. Se utilizaron como** gas de refrigeración, **impelentes de** aerosoles y espumas aislantes.

Adelgazamiento de la capa de ozono y los agujeros en el Ártico:

En 1974, SHERWOOD Rowland, investigador en la UCI, Universidad de California en Irvine, **escribió** sobre "LOS PELIGROS DE LOS CFC SOBRE LA CAPA DE OZONO". En ese tiempo se *pusieron en duda sus investigaciones.* A fines de los 70'**, sin embargo,** se restringió un poco el uso de los CFC.

En 1995**,** *20 años después*, se otorga el ***premio Nobel de Química*** **a SHERWOOD Rowland, a Paul CRUTZEN** del Instituto Max Planck de Alemania junto con **Mario MOLINA, mexicano** *que descubrió el agujero en la capa de ozono* (1974).

El efecto de los CFC en la atmosfera *es originado por una reacción fotoquímica que libera un átomo de cloro (Cl) con un electrón libre que descompone el ozono por la afinidad que tiene por el oxígeno.*

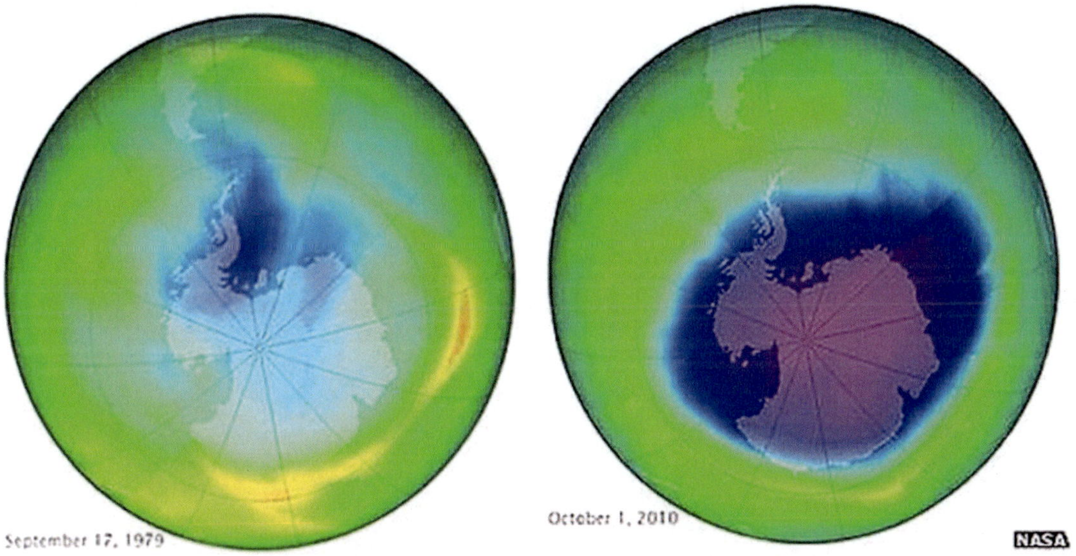

Figura 15. Cambios en la Capa de Ozono en el Polo Sur (14)

Se observa la diferencia alcanzada en 30 años de contaminación con CFC.

Los CFC tienen **un lapso de vi**da en la atmosfera de ***20 a 200 años***, durante los cuales ***un átomo*** *de cloro* **destruye de 20 mil a 30 mil** *moléculas de ozono*, como reacción en cadena, adelgazando la capa y *ampliando los agujeros sobre los polos* por los que *penetra* la *radiación ultravioleta (UV).* contribuyendo así al calentamiento global. Estos rayos UV causan, además, cáncer en la piel y cataratas.

En las Cumbres de Viena y Montreal, 1985-87,190 estados acordaron:

> *"adoptar medidas apropiadas para proteger la salud humana y el medio ambiente contra los efectos adversos resultantes de las actividades industriales que modifiquen la capa de ozono"*, con lo que disminuyó la dimensión de los agujeros sobre los polos.

Se esperaba que se recuperara la capa de ozono en un lapso de 20 años.

Se acordó internacionalmente que el uso de CFC disminuiría progresivamente a partir de **2010**.

> *Sin embargo, la estación de monitoreo Mauna Loa detectó **en 2013** que había dejado de disminuir la tendencia de reducción. Los análisis de gases mostraban también una diferencia entre el hemisferio sur y el norte que tenía mayor concentración de CFC-11.*

MANNING Alistar del servicio meteorológico de RU.

* Costo oculto de los CFC*

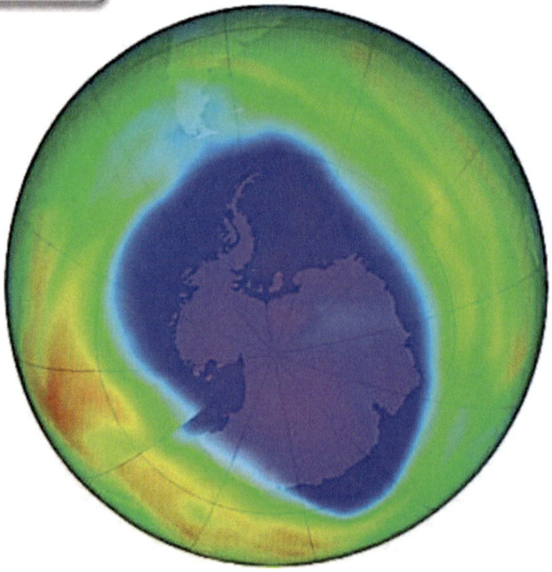

Figura 16. Vista del Agujero en la Capa de Ozono sobre la Antártida el 12 de Septiembre 2018. (15)

Los colores púrpura y azul son los que tienen menos ozono y los amarillos y rojos son los que tienen más.

Últimas emisiones de CFC desde el norte de China e India

Según la última medición de la **NASA**, el tamaño del **agujero** de la **capa de ozono** en septiembre de **2018** era de **23 millones de km^2,** casi la misma cantidad de superficie que América del norte (24.07 millones de km^2).

La **ONU** solicitó una investigación, **16 sep. 2018.**

Siguiendo esta solicitud, las *estaciones de monitoreo ambiental de Japón y Corea del Sur* detectaron *CFC provenientes de China.*

Esa contaminación de CFC frenó la reducción de los agujeros en los últimos 6 años. Para confirmar esa posibilidad, Claire PERRY de la *Agencia de Investigación Ambiental* (EIA) investigó algunas empresas chinas de productos químicos, encontrando 18 empresas que aún emplean CFC-11 para espuma aislante *de refrigeradores y casas habitación.*

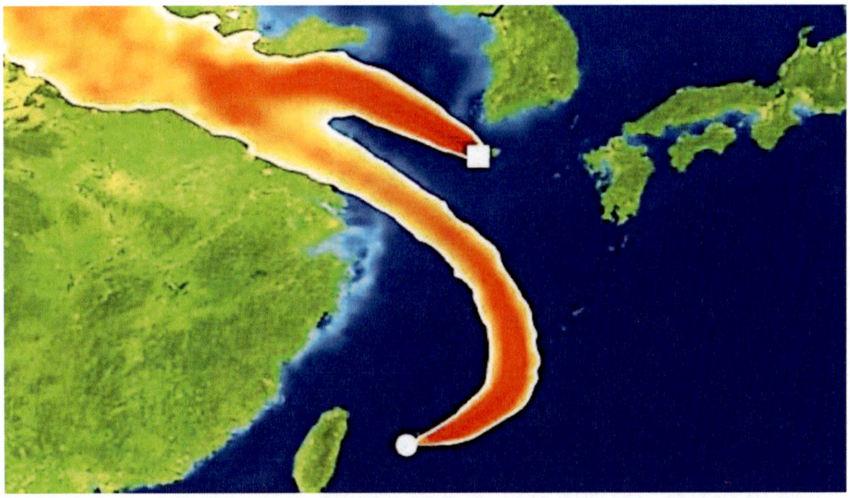

Figura 17. El Monitoreo de Emisiones de CFC del Norte de China desde Laboratorio de Mauna Loa (16)

Observatorios de Mauna Loa, Japón y Corea del Sur
MCGRATH Matt, Corresponsal de Medio Ambiente, BBC 23 mayo 2019

"Se estima que se liberaron 13 millones de kg de CFC-11 (13,000 ton de CFC-11)"

(RIGBY Matt, profesor de química atmosférica de la Universidad de Bristol en Inglaterra.)

Como una tonelada de CFC-11 equivale a cerca de 5,000 toneladas de CO2 o dióxido de carbono, esta liberación equivale a 65 millones de ton de CO_2 además de lo desprendido desde 1930, año en que se empezaron a utilizar los CFC.

La capa de ozono sigue resquebrajándose.

El agujero sobre la Antártida se está cerrando, pero el manto protector se debilita en las latitudes más habitadas: aunque el ozono se está recuperando en los polos y la capa superior de la estratósfera ha disminuido su espesor en las capas medias y bajas.

Estimación del CO_2 equivalente, aportado a la atmosfera por los cloro-fluoro-carbonos y sus derivados:

- Se empezaron a fabricar los "Cloro-Fluoro-Carbonos" (CFC) después de 1917, para la mejor conservación de medicamentos y alimentos.
- Se conoció antes de 1930 como freón, el gas para los refrigeradores, más tarde utilizado para el aire acondicionado.
- **Los registros de las cantidades fabricadas son reservados**, pero se puede relacionar su producción con el progreso de las comodidades y la economía, por décadas.
- **"Los registros indican, en la década de los años 30: se produjo 1 millón de toneladas/año y de 2010 a 2018: 13 millones de toneladas de CFC".**

Si la fabricación empezó progresivamente en la década de los años 30 para alcanzar un *millón de toneladas/año*, en los 80 suponemos diferentes etapas:

- de los 30 a los 60 — crecimiento de 1 millón cada 5 años — = 21 millones ton CFC
- 60 – 80 — crecimiento de 2 millones cada 5 años — = 20 millones ton CFC
- 80 – 90 — 10 millones de toneladas de CFC — = 10 millones ton CFC
- 90- 2000 — Disminución por la cumbre de Montreal
- 2000- 2010 — Disminución por la cumbre de Montreal
- 2010- 2018 — por el boom económico países emergentes — = 13 millones ton CFC

Esa estimación da una cantidad que puede variar ***de 64 a 70 millones de toneladas de CFC*** *y tomando en cuenta que una tonelada de CFC equivale a cerca de 5,000 toneladas de CO_2 o dióxido de carbono. (cf. relación de CFC a CO_2)*

RIGBY Matt, profesor de química atmosférica de la Universidad de Bristol en Inglaterra. 2019.)

Por lo tanto, *el aporte al calentamiento global de los CFC, desde sus inicios hasta el 2018*, es de:

64 millones Tm de CFC x 5,000 Tm de CO_2 /1 Tm de CFC=

320,000 a 350,000 millones de Tm de CO_2 equivalente.

---

*El desprendimiento de los CFC y sus similares inició la se**gunda etapa** del calentamiento global...y se agregó a la primera.*

---

3. Emisiones de CO2 equivalentes: 1751-2002 y 2003-2030

*La **generación de energía eléctrica**, se agrega como parte responsable de la segunda etapa a la primera acumulación de CO_2 de 1751 al 2002 y continuará aun con la proyección esperada del 2003 al 2030.*

El *uso del carbón* por ser más económico, *junto con el petróleo y sus derivados*, se generalizó en el mundo. Los gases desprendidos por todos estos motores constituyen la mayor parte de los *gases de efecto invernadero (GEI) en el planeta: CO_2, SO_2, NO_x...*

GEI: el costo oculto de los combustibles fósiles

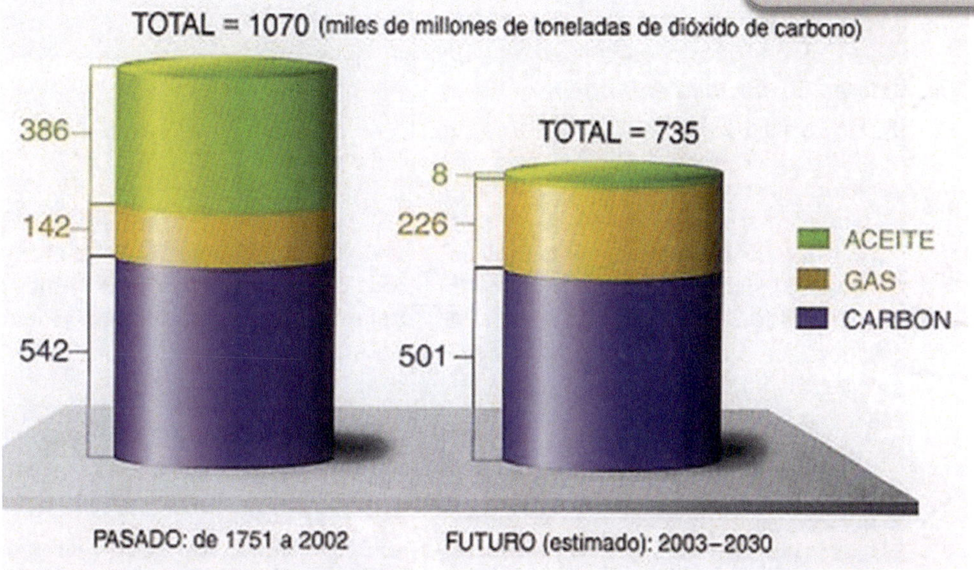

Figura 18. Acumulación de CO2 de 1751 a 2002 y Proyección Esperada hasta 2030. (17)

En retrospectiva, vemos que el uso de los combustibles se ha caracterizado por buscar el más potente, abundante y económico. Esto hizo que **el petróleo y el carbón fueran la base de la economía mundial del siglo XX,** *sin tomar en cuenta las contaminaciones hechas durante la extracción, transporte y uso de estos*, lo que dio lugar al calentamiento global.
Los *indicadores principales del incremento de la contaminación* son la **concentración de CO_2** en la atmósfera, la **destrucción de la capa de ozono** y el incremento de la **temperatura promedio de la Tierra.**

En paralelo al desarrollo del petróleo, **la generación de electricidad**, base de los progresos del siglo XX, prolongó la Era del Carbón hasta nuestros días en:

> *las más de 2,425 carboeléctricas censadas. Estas, tienen una capacidad instalada aproximada de 2,000 GW.* *https://www/visualcapitalist.com.A Different Global Story. Jeff Desjardins*
>
> *"Las emisiones de GEI que desprenderán las carboeléctricas que se proyectan construir hasta el año 2030, funcionarán 60 años, las de gas durante 40 y contaminarán la atmósfera durante su operación con un volumen acumulado equivalente a las emisiones de los últimos 250 años."* *Agencia Internacional de Energía (IEA)*

El **total de carboeléctricas en el mundo *generaron***, en el 2018, alrededor de **10 TWh**, y, además, ***simultáneamente 15 x 10^{12} toneladas de CO_2***. Considerando que la eficiencia térmica de las termoeléctricas modernas varía de 35 a 49%, concluimos que; *más del 55% de la energía calorífica del combustible se pierde*: desprenden parte del vapor del proceso a la atmósfera, calientan agua en los intercambiadores de calor, torres de enfriamiento y lagunas de amortiguación. Cuando la temperatura del agua del circuito cerrado es superior a la requerida a la entrada del sistema de enfriamiento, la vierten a lagunas, ríos y litorales del mar. Lo anterior *altera el equilibrio de la región* afectando la fauna y la flora endémica; esas descargas, además, *contribuyen directamente al calentamiento global.*

> *El incremento anual de CO2 en 2018 fue de 1.7% respecto al nivel histórico más elevado, 33.1 Giga toneladas de CO2. Alrededor de 2/3 de las emisiones son debidas al sector energético.*
>
> *https://www.iea.org/reports/global-energy-co2-status-report-2019/emissions*
>
> *Teniendo en cuenta que en la generación de 1 kWh se desprenden 449.5 gr de CO_2, **los EE.UU.**, ellos solos, produjeron en 2018, 4.17 TWh con **1,870 millones de ton CO_2.***
>
> *Mientras Alemania, Japón, México, Francia y Reino Unido **disminuían emisiones de CO_2** hasta el 2019, el **sector energético de EE.UU. emitió el 85% del CO_2 total.***
>
> https://www.eia.gov < faqs > FAQ

En México, el *sector energético ha dependido*, desde sus inicios, *del gobierno* quien designa administradores y maneja los recursos. La política proteccionista ha impedido la participación del sector privado y, por consecuencia, la diversificación de las tecnologías.
La *demanda de electricidad se incrementa en 6 a 7 % al año.* Como empresa gubernamental, CFE no tiene recursos para aumentar su capacidad debido a su administración tan particular. Para satisfacer ese déficit, generadores independientes producen y venden la energía a CFE, que la transporta y revende a los consumidores, con tarifas complicadas.
Sin embargo, desde finales del siglo XX, en México, la *iniciativa privada está impulsando las energías limpias* superando las intrincadas maniobras del congreso-gobierno, como en todos los países.

La *influencia de la opinión internacional a* través del **Protocolo de Kioto** logró que el país hiciera un *compromiso con metas de reducción de CO2 y energía generada con tecnologías limpias en 2000, 2007 y **en 2009**,* el instrumento para lograrlo fue, **una reforma energética**, *muy limitada como primera etapa*, al igual que otros países, como lo vimos en la cronología, pág. 9 y 10.

Pero, desde 2019, la política proteccionista *desconoce los compromisos internacionales* y tiene en proyecto **7 nuevas carboeléctricas** que funcionarán seguramente *con carbón importado* de Australia; algunas serán *suministradas en combustóleo*, "la leña del diablo" como lo denominan los operadores de la termoeléctrica de Tula.

- Casi el ***75% de las termoeléctricas*** de México ***funciona mediante combustibles fósiles***.
  - El *35%, 19 termoeléctricas,* son de ***ciclo combinado a combustión de gas y vapor***. *Emiten SO2, como contaminante principal.*
  - El *30 %* de la capacidad instalada, *28 termoeléctricas* utilizan ***combustóleo***.
  - El *9%* son *4 carboeléctricas* ***responsables del 25% de las emisiones de CO2, además de SO2, NOx, Hg, y partículas de cenizas.***
  - El *2.6 %* es la ***núcleo-eléctrica Laguna Verde***, conocida como "bomba de tiempo".
- El ***22%* de la capacidad** son ***34 plantas hidroeléctricas.***
- ***Menos del 1%*** son instalaciones *eólicas y fotovoltaicas.*

La carboeléctrica de Petacalco, en la costa de Guerrero, inició su construcción en el mandato de Carlos Salinas y terminó en el de Ernesto Zedillo.
Utiliza *carbón importado de Australia* con un contrato de 30 años, por 43,200 millones de dólares. **Es carbón 200% más caro que lo normal**.
El *agua del proceso equivale al riego de los estados de Morelos, Puebla y Tlaxcala.* Es igual al consumo de agua de 11 millones de habitantes en la Cuidad de México.
La carboeléctrica produce ***13,880 MWh/año con 6,239 toneladas de CO2 y 30.931 toneladas de NOx.*** Las descargas calientes de la carboeléctrica han diezmado los peces de la zona según los pescadores del pueblo. Los cultivos de la zona ya no son productivos. El elefante blanco se ha pintado de negro por la cantidad de ceniza que dificulta las actividades diarias al aire libre.

La termo eléctrica de Tula que está diseñada para f*uncionar con ciclo combinado de gas y* vapor producía normalmente **9,730 MWh/año y desprendía 4,368 toneladas de CO_2 al año, 10,040 toneladas de NOx y SO_2.** Al cambiar de ***gas a combustóleo*** *aumenta la contaminación de SO2 y ceniza de partículas* tan finas que las arrastra el viento hasta el poniente de la ciudad de México, el bosque de Chapultepec y las Lomas.
Como la termoeléctrica *no está diseñada para un combustible pesado,* la *combustión se completa fuera de las cámaras de combustión llegando hasta la salida de las chimeneas.* El gas caliente arrastra las cenizas que al enfriarse caen en CDMX y los alrededores Así nació el *"6° infierno del país".*

Figura 19. Vista Nocturna Actual de la Termoeléctrica de Tula Quemando Combustóleo. (18)

***¡Veamos otro costo oculto e ignorado de las termo-eléctricas!**

El conjunto las termoeléctricas del mundo generaron en 2018 groso modo:

Proceso a base de	Tera Wh/año
Carbón	10,000
Gas	6,000
Nuclear	3,000
Combustóleo	1,000
Total	**20,000**

El consumo de agua/kWh en termoeléctricas varia de 3.8 a 7.6 lt por proceso de operación. Suponiendo un valor promedio de **6 lt de agua/kwh producido,**

20,000,000,000,000 kwh/año por 6 lt= **120 e^{12} m^3 de agua/año**

son necesarios en la generación de electricidad usando combustibles fósiles.

*Si el consumo mundial de petróleo, en 2018, fue aproximadamente de **95,000,000 barriles/día***

Cf Https//es.statisa.com: estadísticas. Beatriz Sevilla. 2019

y *producir un barril de petróleo (159 lt) consume el equivalente a dos barriles de agua (318 lt),*

cf. https://www.alainet.org/es/articulo/195006

The intensification of the water footprint of hydraulic fracturing. Andrew J. Kondash, Nancy E. Lauer y Avner Vengosh. Science Advances 15 agosto 2018: Vol. 4, no. 8

la cantidad de *agua consumida por la producción de petróleo* es de:

95,000,000 de barriles/día x 0.318 m^3 de agua x 365 días = **11 e^9 m^3 de agua/año.**

Además, *para refinar un barril de petróleo crudo se requiere de 0.34 a 0.47 barriles de agua,* entonces se necesitan: *https//www.fluencecorp.com 7 may 2019*

95,000,000 de barriles/día x 0.07 m^3 de agua x 365 días = **2.42 e^9 m^3 de agua/año.**

*El **consumo total de agua por producir gasolina** en 2018* fue de:

13.42 e^9 m^3 de agua + 120 e^{12} m^3 de agua= 120.134 e^{12} m^3 de agua.

La humanidad entera, 7,000 millones de habitantes sobre la tierra, consumimos cada uno, ***1,240 m^3 de agua al año,*** *en promedio.* En efecto, estamos en disputas internas e internacionales por el agua dulce. El 20 % de la población sufre para satisfacer las necesidades primarias, 600 m^3/año; no obstante, para otros, el consumo máximo alcanza hasta 2,500 m^3/año.

Se requieren, en promedio, en total **8,680 e^9 m^3 de agua/año** para el consumo humano.

La gran cantidad de agua utilizada por las industrias del sector energético, ha causado, además agotamiento de mantos freáticos, sequias, desertificación de zonas rurales.

Entonces, ***los 120.134 e^{12} m^3 de agua/año estarían disponibles para 107,596,773 habitantes y cultivos al utilizar las energías que no consumen agua para generar electricidad.***

CONCLUSIÓN: en 2018, ***todas las termoeléctricas*** produjeron 20,000 TWh con solo 45% de eficiencia, como se mencionó anteriormente: el 55% restante *se perdió* ***calentando y evaporando 120.134 e^{12} m^3 de agua/año, eso equivale al desprendimiento de 21,021, Tera calorías/año que fueron directamente a la atmósfera contribuyendo al calentamiento global.***

II. LA CRISIS DEL PETRÓLEO EN LOS EE.UU. Y MÉXICO

1. PRODUCCIÓN PETROLERA DE EE.UU. DE 1920 A 2018: AUGE Y CRISIS

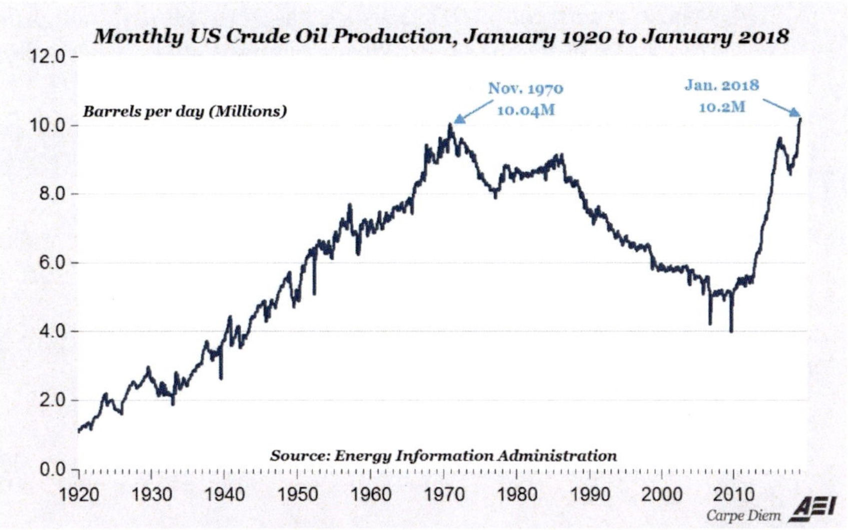

Figura 20. Producción Petrolera Mensual en los EE.UU. de 1920 a 2018. (19)

La producción de petróleo en Estados Unidos, **10 Mbps/día** empezó a declinar en **197**5. La crisis petrolera de Estados Unidos influyó en el mercado mundial por ser la potencia económica más fuerte, marcó el rumbo de las energías, y aumentó sus importaciones. *México se constituyó en un proveedor más de crudo de Estados Unidos*. Así que, e**n 1977 Jimmy Carter propuso el cambio a las energías limpias,** proyecto que fue *rechazado por la oposición*.

2. EL POZO PETROLERO DE CANTARELL, EL MÁS PRODUCTIVO EN SU TIEMPO

La producción de petróleo en México_se basó en el **pozo Cantarell**, durante **2 décadas, uno de los más productivos del mundo: 148 MBp/d.** (Bp/d=barriles de petróleo por día)

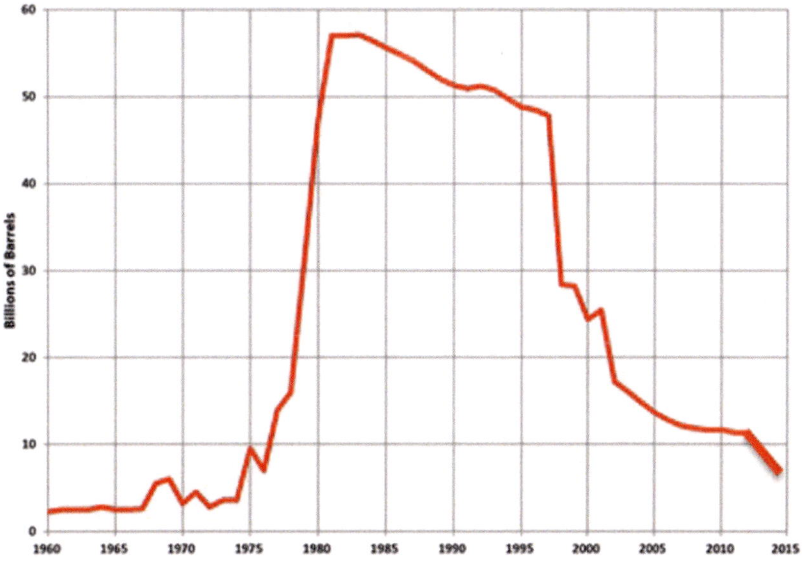

Figura 21. Producción del Pozo Cantarell (México) de 1960 a 2012 (20)

Gran parte de la *producción* de petróleo de **México** se destinó ***para exportación* sin limitación a los EE.UU.,** a partir de **1975**. **En 2004,** las exportaciones alcanzaron 1.65 MBp/d. no obstante que *Cantarell disminuía su producción*.

Luego, en 2013, las exportaciones fueron *solo 850,000 Bp/d.*

Finalmente, para **2004, México i*mportaba*** 200,000 B/d de gasolina, aumentando progresivamente hasta 600,000 B/d en 2013 y **en 2019 a 608.000** B/d **de gasolina y 262.000** *B/d* **de diésel.**

3. Intercambio comercial de petróleo entre México y EE.UU., 2008-2018

El intercambio comercial de petróleo crudo de México por gasolinas y gas de Estados Unidos, lo muestra la gráfica siguiente:

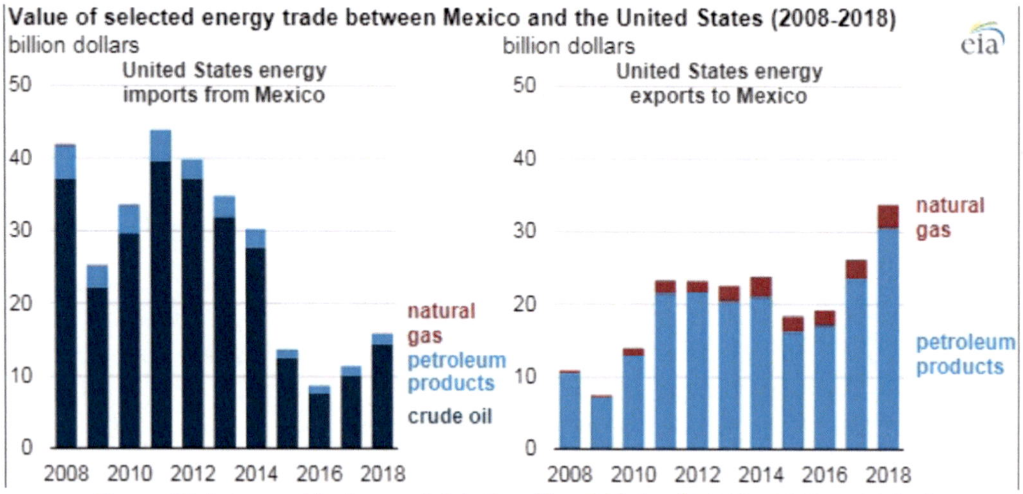

Figura 22. Intercambio Comercial de Petróleo: México /EE.UU., 2008-2018 (21)

México, como país importador de derivados del petróleo, *debió cambiar progresivamente a la economía de las energías limpias d*urante el gobierno del Presidente Ernesto Zedillo.

4. Producción de petróleo crudo de México: 2006-2018

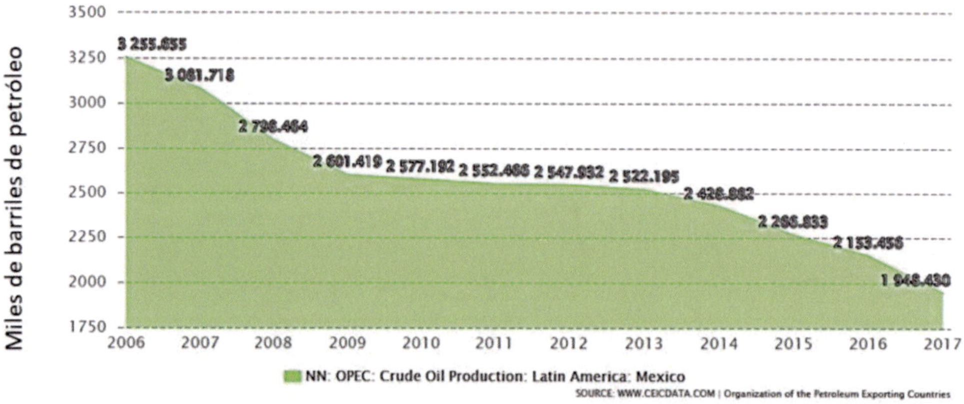

Figura 23. Declive de la Producción de Petróleo Crudo de México: 2006 – 2018. (22)

Y, a pesar de que la producción petrolera de México bajó de 50 Billones de barriles/año a 2 millones, el gobierno actual proyecta una refinería muy costosa que no tendrá materia prima para refinar. (¡!)

5. Desarrollo de Plantas Termo-Solares durante las Crisis Petroleras en EE.UU.

La economía de los EE.UU. está basada en los combustibles fósiles; sin embargo, en los periodos de crisis energéticas, se realizaron grandes proyectos de captación de energía solar para generar electricidad. La gráfica siguiente muestra la coincidencia de fechas.

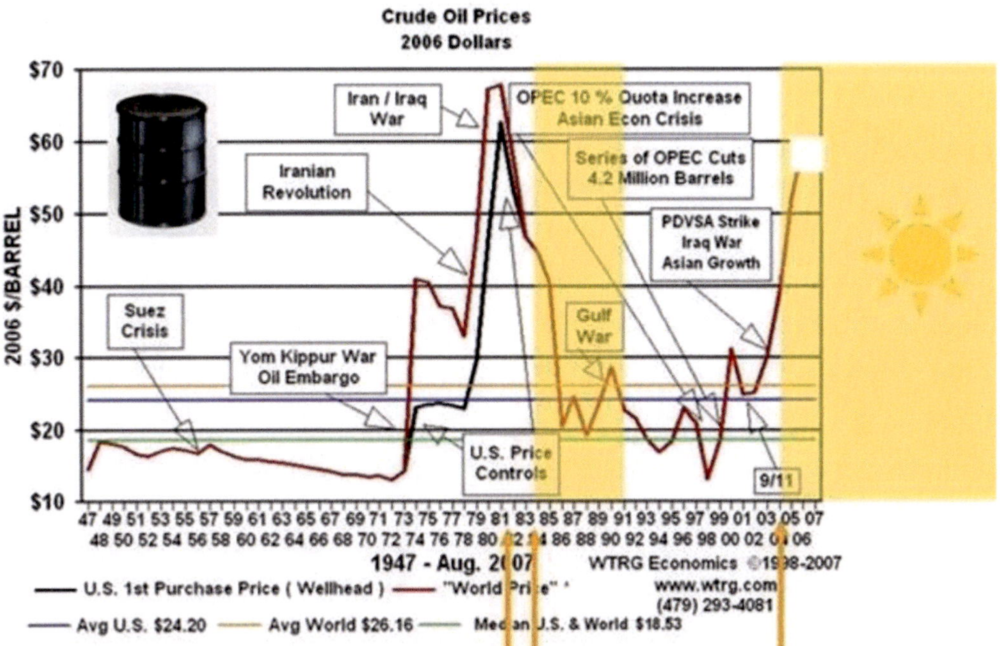

1981 : Construcción del Prototipo " Solar One" en los EEUU

1984- 1991 : Instalación de 354 MW de Centrales Termosolares con Espejos Cilindro-parabolicos en el Sur-Oeste de los EEUU

2004 : Reanudación de la construcción de Centrales Termosolares

Figura 24. "Coincidencias" entre las Crisis de Combustibles y los Desarrollos en Energía Solar (23)

El alza del precio del petróleo y los conflictos armados en los que intervinieron los EE.UU. propiciaron que se buscaran alternativas energéticas para generar electricidad. Entonces se inventaron algunos sistemas solares de generación de energía. El primer proyecto fue en 1973, motivado por la crisis de las reservas probadas de petróleo en los EE.UU.: esta crisis, entonces, causó un "embargo petrolero" que derivó en la guerra del Yom Kippur.

Durante crisis petroleras similares en el mundo, se desarrollaron más sistemas alternos de generación de electricidad, eólicos y solares. Los **eólicos**, siendo *más baratos* los costos de venta, avanzaron en los países con vientos dominantes y sin reservas petroleras. ***Las tecnologías solares eran menos populares por ser más caras y con poco desarrollo.*** *Estas tecnologías* se verán con detalle más adelante.

III. LA ENERGÍA NUCLEAR Y EL CALENTAMIENTO GLOBAL

La "*Era Nucleoeléctrica*" se inició en los años 1970 en el mundo. En el Foro Nuclear de mayo 2019 el título fue: **"LA ENERGÍA NUCLEAR ES ÚTIL PARA LOGRAR FRENAR EL CALENTAMIENTO GLOBAL"**

Sin embargo, se deben considerar los siguientes datos "poco conocidos o ignorados" por los funcionarios de las empresas nucleares:

- EL URANIO, QUE ES LA BASE DE LA ENERGÍA NUCLEAR, NO ES RENOVABLE
  El uranio se originó en la explosión de una Súper Nova de la que se formó la Tierra *hace 4,600 millones de años.* Ahí se originaron los metales pesados de los minerales terrestres: el hierro, el tungsteno, platino, uranio y otros.
  ***Es más antiguo que los combustibles fósiles* y *en la búsqueda del hombre de nuevas fuentes de energía*, se utiliza como** *combustible para generar electricidad* **en las plantas termonucleares.**
  Fue *descubierto como óxido* en 1789 por Martin H. Klaproth que lo llamó así en el honor **del planeta Urano** que acababa de ser **descubierto en 1781**.
- LOS RESIDUOS PERMANECERÁN RADIACTIVOS DURANTE MUCHOS MILENIOS.
  El costo del kWh **no incluye los gastos de almacenamiento, la disposición y custodia de los residuos radioactivos durante esos miles de años.**
- Se dice que las nucleoeléctricas, *generan energía "limpia" por no desprender* ***CO_2*** **sin tomar en cuenta el generado durante la fabricación y transporte de los materiales necesarios.**

***El gran costo oculto del uranio**

Como ejemplo de la **contribución de las nucleoeléctricas al calentamiento global**, analizaremos la operación de la planta de Laguna Verde, localizada en la costa del Golfo de México.

1. PLANTA NUCLEOELÉCTRICA LAGUNA VERDE, MÉXICO

- **Fue instalada del 1990 al 1995 y 1999**

  "La capacidad instalada es de 1,640 MW con 2 reactores GE BWR-5, construidos a mediados de los años 50. *Desde antes del inicio de operaciones ha sido muy cuestionada......y funciona fuera de los estándares."*

  Asociación Mundial de Operadores Nucleares

- **"La central tiene problemas serios**:
  - ha permitido que sus operadores sean expuestos a **dosis altas de radiación,**
  - ha tenido *paros automáticos* por **problemas técnicos** y
  - **no maneja *adecuadamente* sus residuos radiactivos**."

  La **Asociación Mundial de Operadores Nucleares** le dio una **calificación reprobatoria**, ¡por estas razones! Sin embargo, los directivos de la planta ocultan y minimizan esta información, sin atender al personal contaminado.

- Otro reportaje más detallado, por personal contaminado durante maniobras de descontaminación, se publicó **en la *revista Proceso el 17 de marzo 2019* en la *edición 2211*** con el título:" **LAGUNA VERDE, UNA BOMBA DE TIEMPO ENVUELTA EN MENTIRAS".**

  GODOY Emilio, *Fuente Ley de Transparencia,* Revista Proceso, 17 de marzo 2019.
- **Laguna Verde produce** solo **el 3.3% del consumo de México...** Esa cantidad *se puede ahorrar optimizando el uso de la energía.*

Figura 25. Planta Nucleoeléctrica de Laguna Verde, Veracruz, México (6)

Parte de la descarga de enfriamiento con temperatura mayor de la norma regresa al sistema de enfriamiento después de calentar las aguas del mar (*ver Figura 6*)

2. Localización de las Plantas Nucleoeléctricas en el Mundo

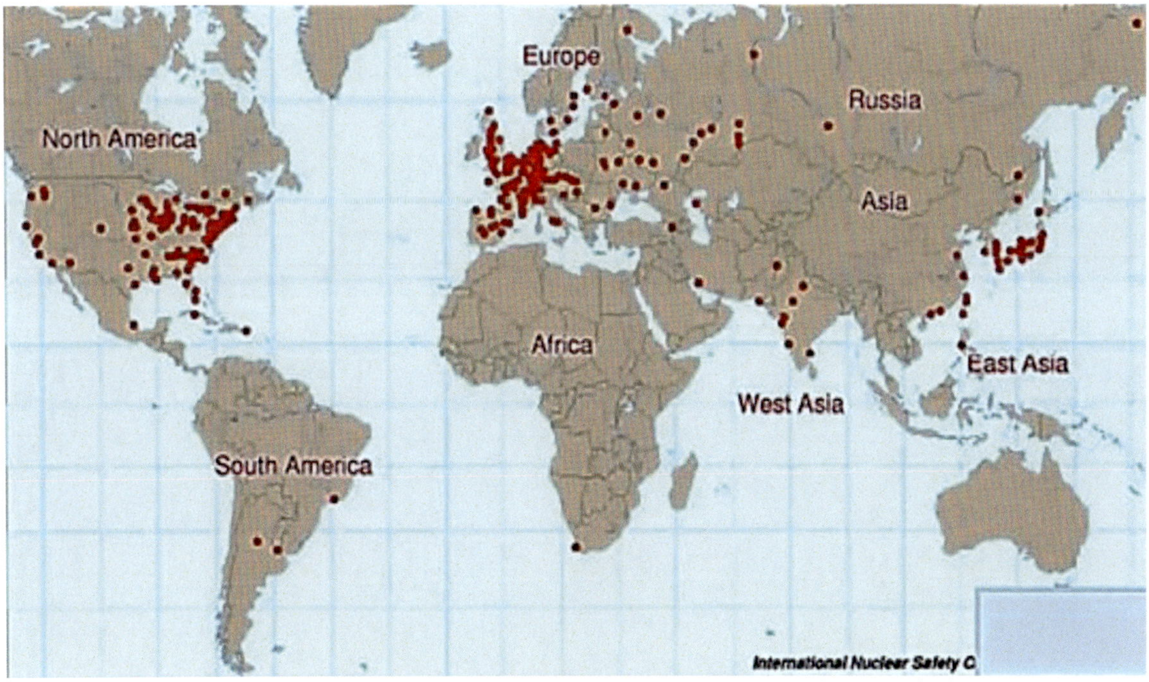

Figura 26. Distribución de las Plantas Nucleoeléctricas en el Mundo (24)

Se puede apreciar que *la mayor cantidad de plantas nucleares* se localizan en los *litorales del Atlántico Norte*, cerca de la ruta de la corriente Termohalina antes de llegar a los hielos del Ártico (Figura. 5).

Los *438 reactores nucleares* del mundo, actualmente, producen *sólo* el **14 % de la energía eléctrica que consume la humanidad entera: 2,218 TWh.** Esa cantidad, además, *representa* aproximadamente sólo el **45% de la eficiencia** promedio del *proceso de los reactores nucleares*.

El resto equivale a 2,516 Tera Calorías, que, *transferidas al agua de enfriamiento de los procesos, van a descargas de vapor, a ríos, lagunas y mares* donde **se unen a la corriente Termohalina de los océanos**, contribuyendo en gran medida al derretimiento de los glaciares, **por tanto, al calentamiento global.**

Costo oculto de la energía nuclear

Es recomendable que, en el próximo Foro Nuclear, *consideren estos costos que se han ocultado durante más de medio siglo*; así mismo, calculen los costos de remediación, gastos de almacenaje, de sus residuos radiactivos para no cargarlos a las generaciones futuras.

Estas contaminaciones térmicas de los 438 reactores nucleares inician la ***tercera etapa*** *del calentamiento global.*

IV. COMBUSTIBLES ESPECIALES Y EL CALENTAMIENTO GLOBAL

1. LA AVIACIÓN A REACCIÓN Y EL CALENTAMIENTO GLOBAL(CG)

Uno de los progresos más importantes de las comunicaciones, son sin duda los aviones a reacción: permiten viajar rápido y transportar mercancías, facilitando el comercio. Igual que todas las actividades que involucran combustibles fósiles, los aviones a reacción **desprenden GEI directamente** a la atmosfera alrededor del planeta, 24h/365 días, sobre todo los últimos 50 años.

Figura 27. Aviación a Reacción, Imprescindible en la Vida Moderna. (25)

Hoy en día, la cantidad de aviones que vuelan simultáneamente todos los días alrededor del mundo es aproximadamente entre 13,000 a 16,000 aviones. www.FlightRadar24

Esto hace un total de: 5,840,000 aviones/año x 24 h que contaminan durante 140,160,000 **hr/año.**
La Contaminación que Generan esos Aviones Va Directamente a la Atmósfera:

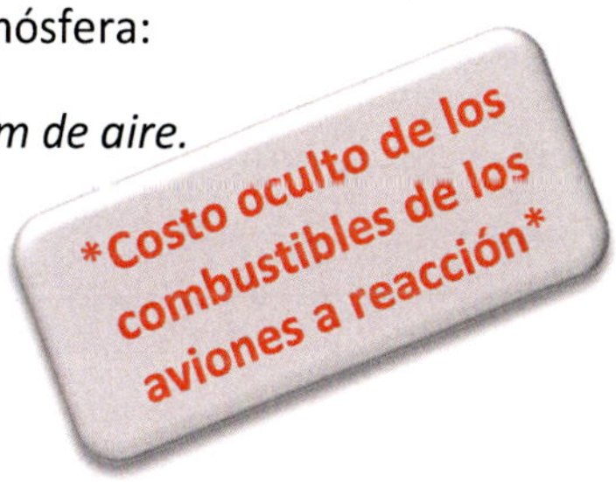

Consumen en promedio: *2,700 lt de combustible /hr, más 350 Tm de aire.*

Producen / hr: *3.3 Tm de vapor,*

- *727 Tm de aire frio,*
- *8.5 Tm de CO_2,*
- *30 kg de NO_2 y*
- *2.5 kg de SO_2.*

AZURMENDI Lorena, *ex Guía de Medio Ambiente* www.guioteca.com

La contaminación por el tráfico aéreo al año en el mundo es de:

1.191 x 10^9 Tm de CO_2 y 462 .5 x 10^6 Tm de vapor
295,735,288 Tcal como vapor de agua.
más la carga térmica de los GEI que salen de 500 a 850 °C

Esta contaminación térmica va directamente a la atmósfera y se agrega a la ***tercera etapa*** *del calentamiento global.*

---

2. CONTAMINACIÓN GENERADA POR LOS VUELOS ESPACIALES

Figura 28. Despegue del Cohete Saturno V desde Cabo Kennedy (Florida) 16/07/1969 (26)

En la carrera por el espacio entre la URSS y los Estados Unidos de Norte América, **realizaron 6,000 viajes espaciales**, entre ensayos no tripulados, puesta en órbita de satélites, el famoso viaje a la luna y envío de sondas a diferentes puntos del universo.

El cohete "Saturno 5 "tenía un peso de 3,200 ton con 3 fases de cohetes impulsores:

- *la 1ª fase eran 5 motores que consumieron 2,050 m^3 de combustible especial en 2' 30" para entrar en órbita alrededor de la tierra, 11´40 "después del despegue.*
- *Los 5 motores de la 2ª fase consumieron 1,350 m^3 de combustible en 6' 30".*
- *La 3ª fase con un motor consumió 39 ton de combustible **en 2 minutos**.*

SMITH Bryan K., *jefe de la Exploración" Vehicle Office. Centro John H. Glenn NASA,* Scientific American"

Ejemplo de combustibles: mezcla de perclorato de amonio con aluminio, hidrógeno líquido, oxígeno líquido o RP-1 (similar al queroseno).
El uso de los combustibles depende del tipo de cohete y de la fase de la que se trate.
El plan de "Space X", EE.UU., utiliza cohetes Falcón 9 que cargan 440 toneladas de RP-1, con 43% de carbono.

Si tenemos en cuenta las emisiones en todo el planeta, *lanzar* ***un cohete cada dos semanas,*** serían más o menos unas **4.900 toneladas** de carbono al año, *igual a* ***17,970 toneladas de CO_2.*** *En resumen,* ***este es el***

Costo oculto de los combustibles de los vuelos espaciales

"El combustible que utilizó Julio Verne en su VIAJE A LA LUNA *fue solo la imaginación de los lectores."*

Esa enorme mezcla de combustibles líquidos, de alto poder calorífico, es necesaria para liberar, en la explosión del despegue, energía suficiente que eleva naves y cargas venciendo la atracción de la gravedad terrestre rumbo al espacio.

Esa explosión de calor y gases de combustión del despegue hace una onda expansiva que a nivel de tierra se extiende a varios km a la redonda y sigue las naves hasta agotar el combustible de las diferentes etapas de los cohetes.

Figura 29. Cohete Saturno V, Estela de Gases Arrojados a la Atmósfera Superior (27)

Miles de toneladas de naves, cohetes, satélites, estaciones espaciales y sondas a otros planetas necesitaron miles de toneladas de combustible líquido para la explosión de cada lanzamiento y dar impulso suficiente para arrancarlos de la gravedad terrestre. Esas explosiones causaron turbulencias y contaminaciones **"incuantificables" de GEI** (gases de efecto invernadero) **y calor desde el nivel cero hasta las capas superiores de la atmósfera**.

¡No hay informes accesibles en la NASA ni en otros medios!

Las agencias espaciales **NASA, la ESA y Space X**, además, las de India, China, Rusia y Japón, todas *tienen proyectos en activo* para los próximos años.

Estas explosiones crearon turbulencias hasta las capas altas de la atmósfera mezclando CFC, GEI, calor y se agregan a la tercera etapa del calentamiento global.

...... ¡Y no hay ningún organismo que las controle!

3. LAS EXPLOSIONES NUCLEARES Y EL CALENTAMIENTO GLOBAL

Las detonaciones de las bombas nucleares en la historia muestran de lo que es capaz el hombre, para destruir al hombre ***(Homo Homini Lupus).***

Figura 30. Imagen Bella e Impresionante de una Explosión Nuclear (28)

Historia de los Ensayos Nucleares de la Carrera Armamentista:

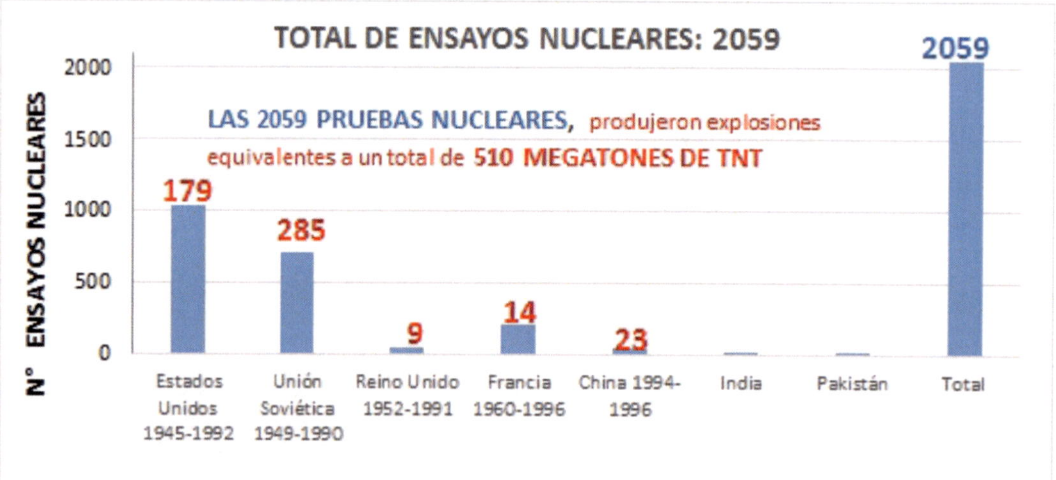

Figura 31. Cuantificación de los Ensayos Nucleares en la Carrera Armamentista. (29)

Costo oculto de las explosiones nucleares

Las 2059 detonaciones nucleares realizadas de 1945 a 1996, liberaron a la atmósfera:

- *510 megatones de TNT que contribuyeron al calentamiento global con:*
- *509,774.4 Tera calorías, x 10^{xx} megatoneladas de CO_2,*

además de la radiación generada a la humanidad y a la naturaleza, imposible de cuantificar.

Juan Linares Ruiz. Columnista Copy left. Aporrea.org

*Esta contaminación **complementa la tercera etapa** del calentamiento global.*

V. EL FRACKING Y EL CALENTAMIENTO GLOBAL

Como si todas las consecuencias del calentamiento global causado por la combustión del petróleo y sus derivados no fueran suficientes, **se inventó una técnica más destructiva de extracción de gas y petróleo,** *sin tomar en cuenta el estudio de impacto ambiental correspondiente*, en caso que lo hubieran realizado. (¿?)

1. CAUSAS DEL FRACKING

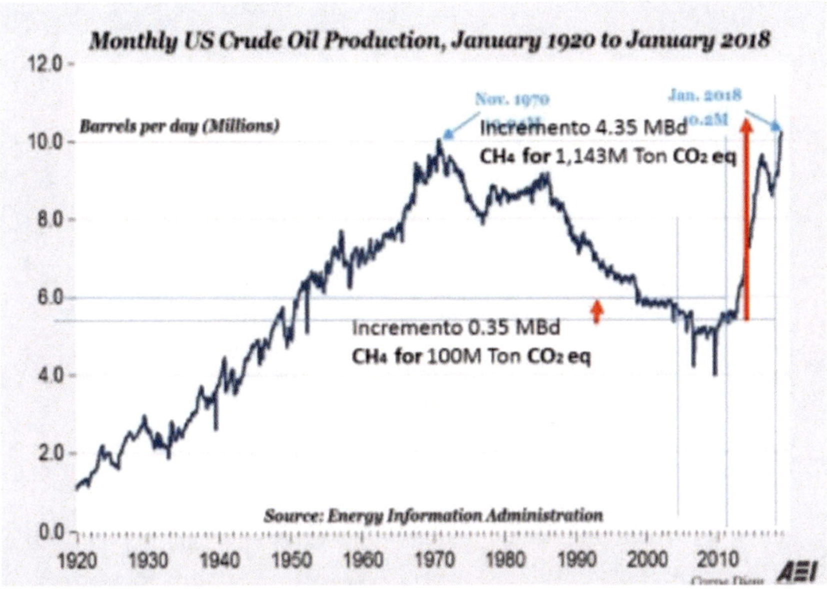

Figura 32. Cambios de la Producción Mensual del Crudo en EE.UU. entre 1920-2010 (19) e Incrementos de Producción Debido al Fracking

Una vez más, la crisis del petróleo en los EE.UU. influye en el panorama mundial para afectar las decisiones en contra del cambio climático, sin tener en cuenta las consecuencias para la humanidad entera. **El fracking se inventó para compensar la disminución de producción de petróleo crudo de la Unión Americana.**

Una vez más, hicieron a un lado la oportunidad de aumentar las energías alternas como la solución más viable para frenar y compensar el calentamiento global.

Durante este período de prueba, (2005-2012), el incremento de producción fue solo de **0.35 MB/d** de petróleo de **200 pozos en Dakota del Norte.**

En 2011, la Radio Televisión Francesa, RTF, realizó un reportaje de varios meses en Dakota del Norte, que sirvió de base para que la Ministra de Ecología del Gobierno Francés, Ségolène Royal, decidiera *prohibir el fracking en el territorio francés, el 11 de Ag 2011*. *Ley Jacob*.

Tiempo después, varios países de Europa y del mundo hicieron lo mismo, incluso algunos estados.

2. Efecto del Fracking

*El fracking hace una **gran aportación al calentamiento global por** las **fugas de metano** (CH_4) de los pozos de varios **Estados** de la Unión Americana, estimado en CO_2 equivalente.*

Fracking by the Numbers: Key Impacts of Dirty Drilling at the State and National Level Pg. 24 (2015)

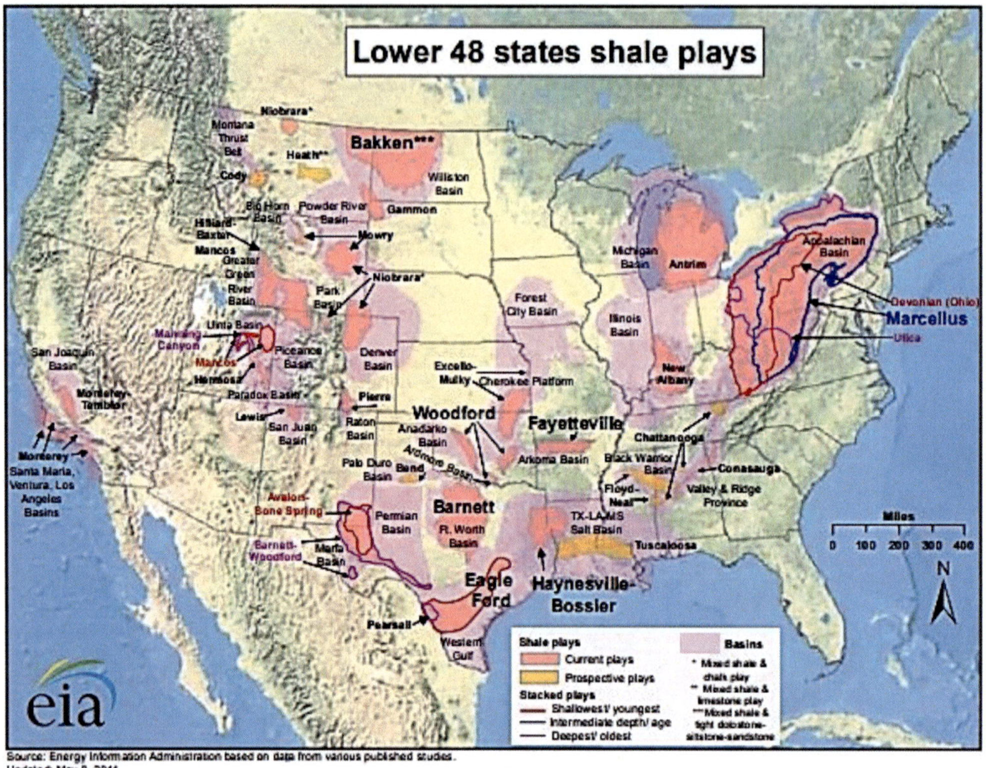

Source: Energy Information Administration based on data from various published studies.
Updated: May 9, 2011

Figura 33. Estados en los EE.UU. con Extracción de Gas Metano, Mediante Fracking en 2011 (30)

La Fundación por la Defensa del Medio Ambiente se dio a la tarea de verificar los valores de *las fugas de metano reportados* por los responsables de las compañías petroleras encontraron que la realidad es de 400 a 500% mayor que lo reportado. Esta *contaminación por metano en Pennsylvania* **equivale a la de: 11 carboeléctricas!**

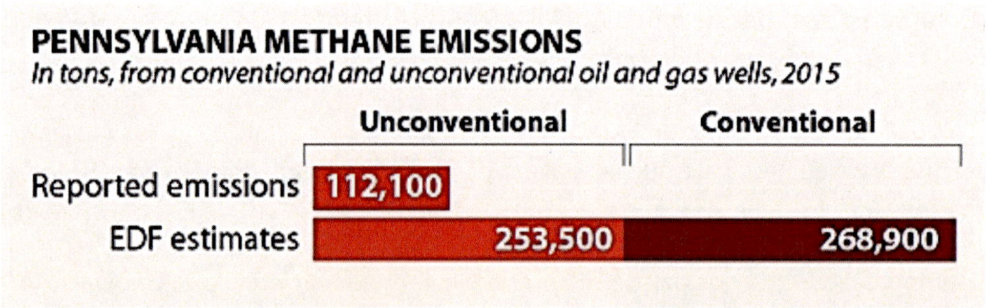

SOURCE: Environmental Defense Fund PAUL HORN / InsideClimate News

Figura 34. Emisiones de Metano en Pennsylvania en 2015 (1) (31)

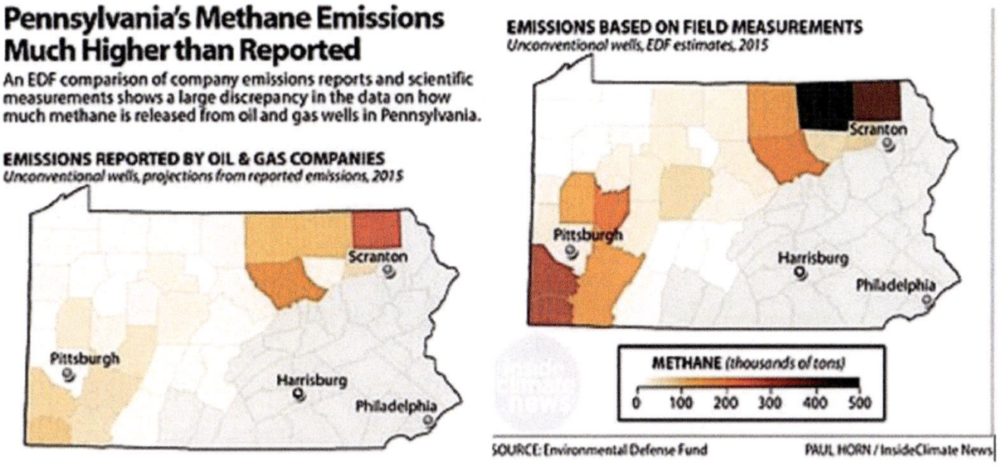

Figura 35. Emisiones de Gas Metano en Pennsylvania en 2015 (2) (31)

La situación es igual en todo el país.

Los 200 pozos de Dakota del Norte contribuyeron al calentamiento global con CH_4 igual a 100 millones de Ton CO_2 equivalente, *contaminación igual a las emisiones de 28 carboeléctricas en un año.* En 2013, había 26,000 pozos en los EE.UU.

Fracking by the Numbers: Key Impacts of Dirty Drilling at the State and National Level. Pg. 30

El metano desprendido al perforar los pozos es:

- **100 veces más dañino que el CO_2** y
- **37 veces más, cuando alcanza la atmósfera.**

Las fugas reales de metano son 4 a 5 veces más que lo reportado.

Environmental Defense Found.

Primero de los muchos costos ocultos del fracking

Del **2012 al 2018, eran 81,898 pozos** que:

- produjeron **4.35 Mb/d** de petróleo,
- desprendieron metano igual a **1,143 millones de ton de CO_2 equivalente**:

contaminación igual a las emisiones de 320 carbo-eléctricas en un año.

Fracking by the Numbers: Key Impacts of Dirty Drilling at the State and National Level. Pg. 30

*La contaminación del **fracking inicia la cuarta etapa** del calentamiento global.*

3. Dimensionamiento de la Fractura Hidráulica o Fracking

La inversión en un pozo es aproximadamente de **15 millones de USD**.

Incremento de la cantidad de pozos en la 2ª etapa:

- **2011: 200** en Dakota del Norte,
- **2013: 26,000** en los EE.UU.,
- **2018: 81,898** en los EE.UU.,

Vida útil de los pozos: solo, 20 a 30 años.

Materiales requeridos / pozo:

- 20,000 m^3 de agua, (el agua de 8 albercas olímpicas)
- 1000 m^3 de 750 productos químicos,
- 40 toneladas de arena.

El agua requerida en el proceso, además, se contamina sin remedio.

> *"En el 80 % de los pozos, los costos de producción superan a las ganancias esperadas. Por añadidura, lo más que se puede extraer de un pozo es solo **el 10% del yacimiento.** "*
>
> ROGERS Deborah, 2014

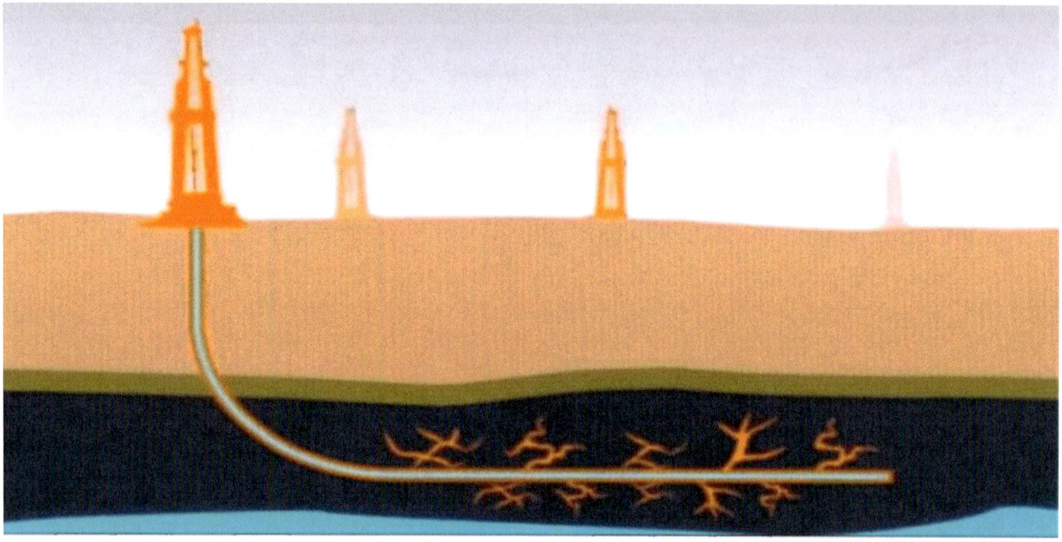

Figura 36. Esquema Simplificado del Método de Extracción Llamado "Fracking". (32)

La perforación del pozo se hace:

- hasta 2,500 o 3,000 m de profundidad,
- enseguida se perfora horizontalmente en diferentes direcciones y
- se inyecta una mezcla de agua con los reactivos químicos.,
    - ❖ que originan la explosión
    - ❖ y fracturan la roca donde se encuentra atrapado el gas y el petróleo.

Figura 37. Extracción del Gas Aprisionado en las Rocas de Lignito mediante Ductos (32)

Vista del corte de la roca de lignito fracturada y el tubo por el que se esperaba saliera el gas y petróleo. El gas, como cualquier fluido, inclusive el petróleo, busca el camino más fácil para escapar.

El gas y petróleo que salen por el tubo del pozo representa el 10 al 15% del yacimiento. Es un proceso extremadamente caro y destructivo para *obtener tan bajos rendimientos.*

Figura 38. Esquema de la Ineficiencia del Fracking como Sistema de Extracción de Metano (32)

El objetivo del fracking es extraer metano; pero éste, como fluido ligero, escapa por las grietas en dirección de la superficie, que es el camino más fácil, contaminando a su paso, mantos freáticos, la tierra de cultivos y finalmente la atmósfera como GEI.

Parte del agua y petróleo pesado *fluirán en dirección contraria,* arrastrando parte de la mezcla de agua, químicos y petróleo atraídos por la fuerza de gravedad.

Figura 39. Representación de un Pozo de Fracking en Cualquier Región de EE.UU. (32)

El corte vertical y transversal nos da idea de las distancias entre un pozo y una granja, los mantos freáticos, la profundidad del pozo y las fugas de metano al medio ambiente y a la atmósfera.

El metano ha escapado a la atmósfera durante los últimos 20 años por las fracturas del suelo alrededor de los pozos de fracking y algo se disuelve en los mantos acuíferos.

Figura 40. Peligro Cotidiano para las Familias de los Habitantes de la Región (32)

El agua "potable" de los habitantes se inflama causando accidentes y enfermedades. **El fracking es una *técnica costosa* con un *beneficio económico efímero*.**

- en 5 años disminuye el volumen de gas extraído al 10%,
- los pozos serán abandonados,
- gran parte de las compañías petroleras quebradas.

Muchos estados del país ya tienen o tendrán, además:

- suelos fracturados, contaminados e improductivos,
- aguas contaminadas,
- poblaciones de enfermos e incapacitados,

padeciendo el calentamiento global sin remedio.

*Estos son otros de los costos ocultos del fracking

4. Ventajas del Fracking:

- El gas de shale o de esquisto incrementó, temporalmente, las reservas de petróleo y gas de EE.UU.
- Ha originado más fuentes de trabajo en ese país.

5. Desventajas del Fracking:

Costos ocultos del fracking

Al romper el subsuelo,

✶ contamina con químicos cancerígenos y metano, el agua de los mantos freáticos.

- El agua potable se inflama en los hogares por el metano disuelto.
- La cantidad de agua empleada en la fractura origina sequias por el abatimiento de los pozos. Las lluvias futuras arrastrarán los químicos al subsuelo y contaminarán aún más los mantos freáticos.
- Las fracturas del subsuelo dan origen a temblores.
- El metano desprendido al perforar los pozos es **100 veces más dañino que el CO_2** y **37 veces** cuando alcanza la atmósfera. **Las fugas reales de metano son 4 a 5 veces más que lo reportado.** *Environmental Defense Found.*
- Se han incrementado los accidentes de transportes de gas y químicos causando incendios y contaminación con riesgos de salud para los trabajadores y habitantes de la zona.
- Es importante evaluar la gravedad de los riesgos y el costo de la remediación contra la abundancia temporal de petróleo que puede acelerar el calentamiento global.

- ***167 empresas más, de petróleo y gas mediante fracking, se declararon en quiebra entre enero de 2015 y diciembre de 2018.*** *https://www.laizquierdadiario.mx/Desconcierto-en-el-mundo-del-fracking-tras-la-bancarrota-de-Weatherford?*

6. Respuesta de Algunas Comunidades al Proceso Fracking

El fracking es un proyecto sin fundamento científico.

Se debe cuestionar la técnica del fracking por sus consecuencias futuras *para los habitantes de cada región*, actualmente 48 estados de 50 en la Unión Americana y en el mundo:

N°	Pays o Estado	Año	Ley	N°	Pays o Estado	Año	Ley
1	Francia	2011	Jacob	16	Holanda	2015	Prohibido
2	Bulgaria	2012	Prohibido	17	Alemania	2016	"
3	Vermont USA	2012	"	18	Entre Rios Arg.	2017	Proy ley
4	New York USA	2014	"	19	Irlanda	2017	Prohibido
5	Cantabria, España			20	New Jersey USA	2017	Proy ley
6	La Rioja, España		"	21	New York USA	2017	Proy ley
7	Burgos, España		"	22	Pennsylvania USA	2017	Proy ley
8	Suiza		"	23	Delaware USA	2017	Proy ley
9	Rumania		"	24	Quebec Canada	2018	Limit ley
10	Rep Checa		"	25	Uruguay	2018	Prohibido
11	Sudáfrica		"	26	Mexico ⋇	2018	Prohibido
12	Argentina		"		⋇Cancelar los contratos vigentes.		
13	Australia		"				
14	Gales	2015	"				
15	Escocia	2015	"				

Figura 41. Reporte Índigo: Respuesta de Algunas Comunidades al Proceso Fracking (33)

Resumen: Conclusión Primera Parte

CONTRIBUCIÓN DE LOS DIVERSOS FACTORES AL CALENTAMIENTO GLOBAL

1. CAUSAS Y EFECTOS DEL CG DURANTE EL SIGLO XX Y XXI

PERIODO	CALENTAMIENTO PROVOCADO POR	CANTIDADES		10^9 TON DE CO_2 (Mil Millones)	TERA CALORÍAS ($1 X 10^{12}$)
1751 - 2002	Carbón y petróleo	termoeléctricas		1,070	-------
2003 - 2030	Termo-eléctricas de Carbón, gas y combustóleo			Pronóstico: 735	
2018	Carbo-eléctricas Termo-eléctricas	2,435 todas	— Carbón, combustóleo, gas y nucleares	15,000 —	— 21,021
1908 – 2019	Gas y Gasolinas	¿xxx? vehículos?		No hay datos	No hay datos
1930 - 2019	CFC, CFC-11	64 x 10^6 ton CFC		320	
1945 - 2018	Bombas atómicas	2059 ensayos nucleares	510 Mega ton	No hay datos	No hay datos
1956 - 2019	Cohetes espaciales	6000 lanzamientos	¿XXX ton de combustible espacial?	No hay datos	No hay datos
1965 - 2019	Núcleo eléctricas	438 reactores	¿XXX ton de desperdicios nucleares?	¿xxx?	2,516
1965 - 2019	Aviones a reacción	15,000 aviones 365 días x 24hr	5,840,000 hr de vuelo/año	¿XXX?	295,735,288
2008 -2018	Fracking	81,898 pozos		1,243	

Figura 42. Cuadro Descriptivo de las Contribuciones al Calentamiento Global por Factor.

2. REPRESENTACIÓN GRÁFICA DEL CALENTAMIENTO GLOBAL

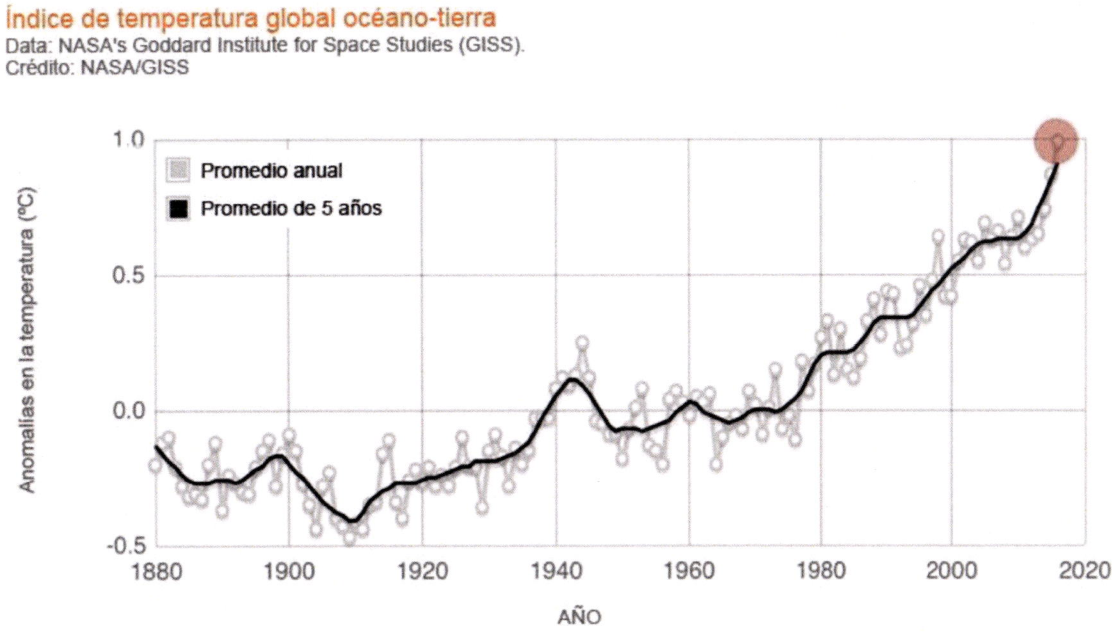

Figura 43. Registro de Temperatura Global Océano-Tierra durante los Últimos 140 años (34).

Sobre la *gráfica siguiente* vemos la *variación de la temperatura desde finales del siglo XIX a la fecha*, así como los *cambios asociados a la utilización de las diferentes fuentes de energía que han resultado en el Calentamiento Global.*

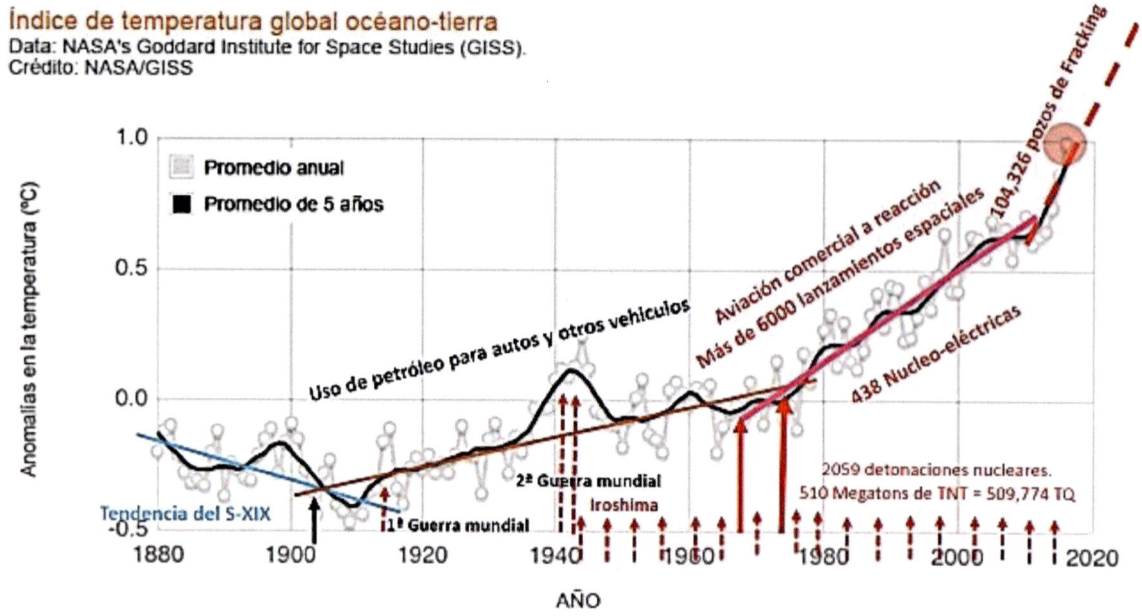

Figura 44. Coincidencias de los Factores del Calentamiento Global sobre la Curva de Temperatura Global de Océano –Tierra y las Tendencias de cada Período.

En la gráfica se observa en los últimos 20 años del siglo XIX una tendencia descendente (pendiente de la curva de **-14°**) en la temperatura del planeta. Se puede interpretar que, hasta principios del siglo XX, los continentes del planeta estaban cubiertos desde la última glaciación por **vegetación milenaria y abundante, suficiente para absorber el CO_2** del inicio de la revolución industrial, producto de la combustión de carbón mineral. Además, la población era de 1000 millones de habitantes *sin las demandas de confort y progreso actuales.*

Aproximadamente en 1908, se observa que inicia la tendencia ascendente de la temperatura media del planeta, (pendiente de +13°), el **cambio absoluto de la tendencia observada es de 27°.** Con el motor a **combustión de gasolina,** se inicia la era de la velocidad y el progreso. Se aprecia el pico de la Primera Guerra Mundial. **En 1930, con la refrigeración***, inicia la contaminación por los CFC y el adelgazamiento de la capa de ozono.* Claramente se aprecia el incremento por la Segunda Guerra y las bombas de **Hiroshima y Nagasaki**. Es posible que*, debido a los bosques y selvas aún existentes,* se observa una recuperación evidente.

En época de la llamada Guerra Fría, se inició una serie de **2059 pruebas nucleares durante 60 años.** Simultáneamente, a **mediados de los años 60,** inició la aviación a reacción y la tendencia aumenta a +33°, un ***incremento de +20°* en la tendencia temperatura promedio del planeta.** El promedio actual de aviones volando alrededor del mundo es de 15,000 vuelos simultáneos las 24h los 365 días. En la misma época iniciaron la carrera al espacio con 6,000 lanzamientos hasta la fecha.

A lo anterior, se agregaron las **nucleoeléctricas que cuentan con 438 reactores** en actividad actualmente y *que representaban aproximadamente el 14% de la capacidad instalada de generación eléctrica a nivel mundial.* La mayoría de estas nucleoeléctricas *descargan sus aguas* de enfriamiento con *temperaturas superiores a las temperaturas de los cuerpos receptores* (ríos, lagos, litorales marinos y atmósfera).

Después del **accidente de Fukushima**, Alemania y Japón iniciaron el *cambio de nuclear a energías alternas*, cesaron las pruebas nucleares y la carrera al espacio: lo anterior "podría explicar parte" del *cambio de pendiente en el periodo 2005 -2010*, sin embargo, no está confirmado.

La tendencia ya era elevada y con el inicio de la extracción de gas y petróleo por medio del fracking en el 2008

- *aumentó la pendiente de +33° a +61°*
- *cambio absoluto de la pendiente + 28°*

En 2019 en el territorio de los EE.UU. se localizaban *104,326 pozos activos*, equivalentes al 90 % del total mundial.

Sumando, se ha observado +27° del cambio asociados por petróleo, +28° del cambio por el fracking +55°, 55° de cambio de la tendencia de calentamiento de la tierra es el 73% del cambio total.

En resumen, se observa un cambio de tendencia de +75° desde el inicio de la edad del petróleo en 1908

3. Otros factores causantes del calentamiento global

A) GEI de origen volcánico

Además de la influencia de los GEI debido a los combustibles fósiles, debemos tener en cuenta los gases de las erupciones volcánicas, que siempre han estado presentes en la atmósfera; sin embargo, se incrementaron en los últimos 50 años.

> Vulcanólogos de Islandia habían relacionado la frecuencia de erupciones con el espesor de los glaciares de la isla, en un periodo de 5,500 a 4,500 años atrás. Concluyeron que: *a mayor espesor y peso de los glaciares, menor frecuencia de erupciones*, la corteza estaba comprimida y fría.
>
> *Graeme T. Swindles, "Climatic control on Icelandic volcanic activity during the mid-Holocene" Revista Geology (2017), 46– 50.*

Podemos inferir, que si los glaciares de los casquetes polares, Groenlandia, Islandia, de los Alpes Europeos, de la Cordillera de los Andes, la cordillera del Himalaya, las Rocallosas, el Kilimanjaro y muchos otros en México y Centro América se han fundido: la corteza terrestre tiene muchísimo menos peso que la comprima.

Lo anterior explicaría el incremento en frecuencia e intensidad de las erupciones volcánicas en todos los continentes durante los últimos 30 años.

Estos gases no se han estimado, pero contribuyen al calentamiento global por su composición y por la gran cantidad de calor que va directamente a la atmósfera.

B) *METANO DE GANADOS VACUNO, BOVINO, AVES DE CORRAL, Y ALGO DE LOS SERES HUMANOS*

En el año 10,000 AC., se estima que 1,000,000 de homínidos poblaban la tierra: representaban el 0.01% de los seres vivos. En su evolución han exterminado al 83% de los mamíferos, el 50% de la vegetación y el 15% de los peces, reemplazando todo esto para su beneficio con la producción de alimento.

Desde que se introdujo el pastoreo en Mesopotamia hace 10,000 años, el ganado se ha incrementado hasta ser el 60% de los mamíferos, que será alimento del 36% (7,620 millones en el 2020). El 4% restante son mamíferos salvajes.

"Se estima que aproximadamente el 25% de las aves vive en libertad y el resto es alimento cautivo."

Universidad de New Jersey, Instituto Weismann, Israel.https:magnet.xataca.com

"Estudios recientes estiman que todo ese ganado y aves de corral para alimento del homo sapiens, generan el 25% del metano del sector agrícola y se incrementa en 1% anual, 115 millones de ton por año, 0.001774 ppm (2007)."

fvs/vidasostenible.org

C) *METANO DE PANTANOS, RELLENOS SANITARIOS Y DESCOMPOSICIÓN DE LA VEGETACIÓN*

En estos sitos, el carbón de la materia orgánica se descompone mediante una digestión de las bacterias en presencia de agua y aire, generando CO_2, NO_2 y CH_4, (metano). Aproximadamente el 40% de metano de la atmósfera se origina de esta manera, mayormente de las selvas del Amazonas, Sudeste asiático y China. En la tundra de diferentes continentes el agua congelada del subsuelo o permafrost, debido al incremento de temperatura está fundiendo. Sale a la superficie reblandeciendo el suelo. El incremento de temperatura favorece el desprendimiento de metano, producto de la fermentación de materia orgánica entrampado por siglos y se agrega al ya existente.

D) *METANO DE ORIGEN INDUSTRIAL*

Se estima que las fugas en la extracción de gas natural, petróleo y recientemente el fracking son los principales generadores del 35 al 40% del metano de la atmósfera en los EE.UU., China, Rusia y Medio Oriente.

Estas emanaciones no se han tenido en cuenta desde su inicio para remediarlas, hasta que se empezaron a medir en 2003. Pero, en los EE.UU., solo a partir del 2011 se empezó a medir las fugas de los pozos de fracking.

Ahora se sabe que el metano influye en el calentamiento global 38 veces más que el CO2:

Tendencias Científicas21.net

- Al **inicio de la revolución industrial**, la concentración de metano era **730 ppb**,
- **en 2015** se estimó el metano atmosférico en **1,835 ppb**.

Las concentraciones del metano en la atmósfera *se han disparado desde el 2007*: COINCIDE CON LAS FUGAS DEL PROCESO DE EXTRACCIÓN DE GAS DE ESQUISTO MEDIANTE EL FRACKING. Los incrementos anuales del metano en la atmósfera en la última década han quintuplicado respecto al año 2000.

FECHA	CONCENTRACIÓN DE METANO
1750	Al inicio de la revolución industrial había **730 ppb**
1990 - 2000	Incremento regular de **0.5 ppb/año**
2006	Alcanzó las **1,775 ppb**
2007 – 2013	Incremento de **5.7 ppb/año**
2014	Incremento de **9.7 ppb/año**
2017	Alcanza **185 ppb, es un incremento de 50 ppb/año**
2019 - 2020	**La situación se agrava debido al calentamiento del permafrost en zonas congeladas durante el último milenio, por la fermentación de la materia orgánica del subsuelo. En el mar sucede lo mismo bajo los hielos polares.**

Figura 45. Variación de la Concentración de Metano en el Tiempo. (35)

"Del año 2000 al 2017, los incrementos anuales de las emisiones de metano subieron 1000%. La actividad del CO2 en la atmósfera dura 100 años y la vida activa del metano es de 12 años con efecto 25 a 36 veces más potente sobre el calentamiento global."

CNRS Le Journal Marielle Saunois. Les experts du Climat. 24 Julio 2019.

Segunda Parte:

UNA ALTERNATIVA: LAS ENERGÍAS LIMPIAS, LAS ENERGÍAS ALTERNAS

Urge hacer un balance
y decidir….

"cómo queremos vivir
el futuro inmediato".

INTRODUCCIÓN

Como las energías eólicas y solar tienen el gran inconveniente de limitarse al tiempo que hay viento e irradiación solar, veremos algunos procesos inventados para producir energía eléctrica aún en ausencia del energético principal o complementarse con otro energético verde o menos contaminante que los combustibles fósiles.

Las tecnologías de las energías alternas están diseñadas para generar electricidad.

Si deseamos cambiar de la economía de los combustibles fósiles a la de las energías alternas, el objetivo a lograr es producir la electricidad requerida, de forma limpia para el consumo mundial, sin afectar el planeta.

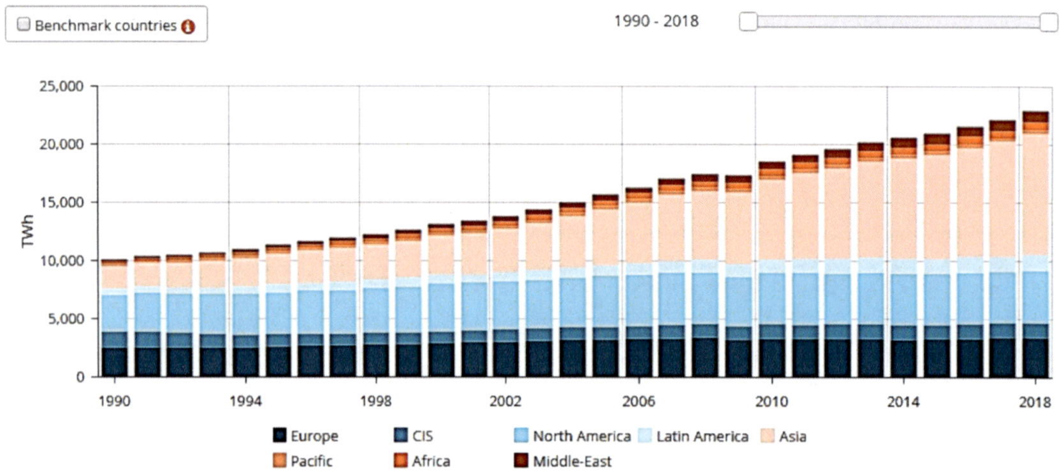

Figura 46. Consumo Mundial de Energía Eléctrica (36)

La gráfica anterior muestra que la tendencia del consumo mundial de energía eléctrica en el 2020 sera más de 24,000TWh. Si nada cambia en el contexto mundial, continuara la tendencia de la gráfica. Al cambiar de la economía del petróleo a la economía de las energías alternas, todo lo que funciona con carbón, petróleo y sus derivados, debera hacerlo con electricidad: por lo tanto, el consumo mundial será más elevado.

TENDENCIA ACTUAL DE CONSUMO		TENDENCIA ESTIMADA, CON TODO ELÉCTRICO
AÑO	**TWh/ año**	**TWh / año**
2020	**24,000**	**24,000**
2030	**31,500**	**36,650**
2040	**37,500**	**45,000**
2050	**43,500**	**56,500**

Esas podrian ser las metas a que debe tender la generación de energia con las energías alternas. El cambio debe iniciar cuanto antes para lograrlo en el 2050.

El reto es enorme, las acciones deben ser suficientes para lograrlo y solo restan 30 años para hacer el cambio... ***Veamos con qué se puede lograr.***

A. ENERGÍA EÓLICA

La radiación solar es la que origina los vientos:

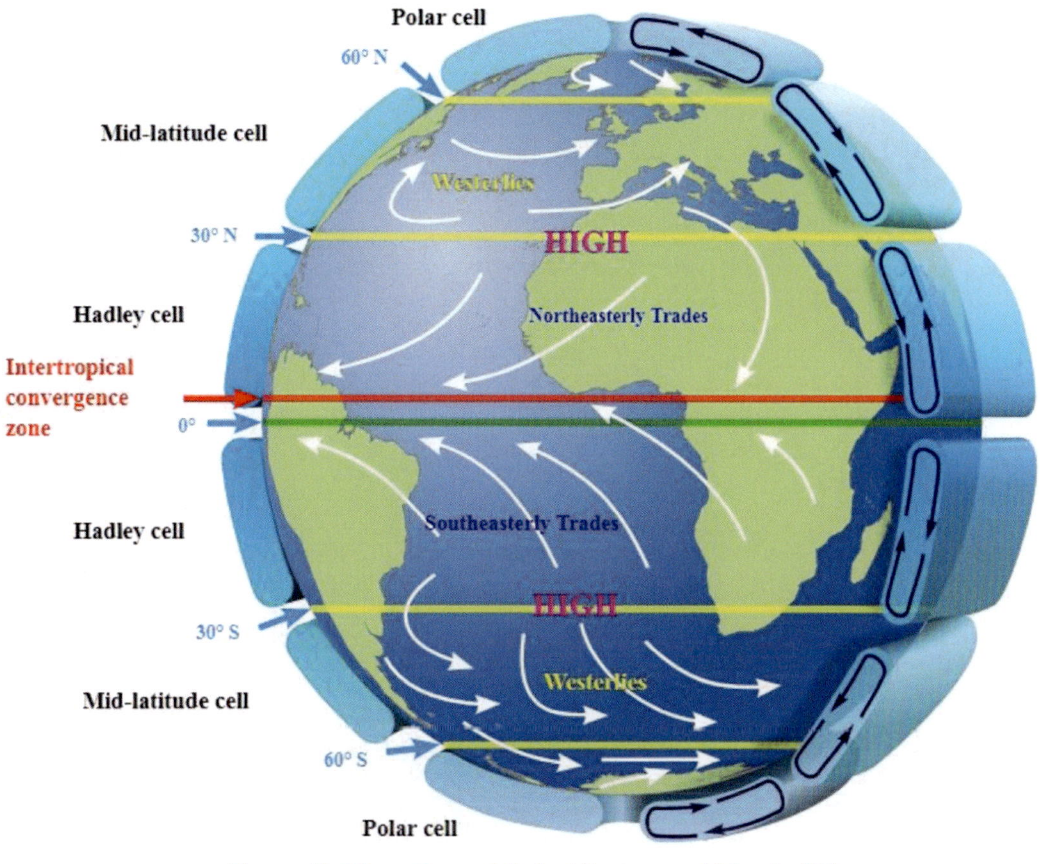

Figura 47. Mapa General de los Vientos en el Mundo (37)

Es sabido que el sol, antes de llegar a la tierra, calienta la atmósfera, que, como cualquier gas, se dilata, y el aire más ligero asciende y crea un movimiento que succiona aire de las zonas templadas y frías. Este movimiento ascendente se combina con la rotación de la tierra y se complementa con la evaporación del agua del mar, lagos y ríos.

El viento, como todos los fenómenos naturales, depende de tres factores principales: temperatura, tiempo y cantidad; este último factor puede ser volumen, concentración, superficie, distancia, etc.

Cuando estos factores se mantienen en ciertos rangos, el resultado, para el viento, está mostrado en la figura anterior: el mapa mundial de los vientos. Los vientos, además, varían, de acuerdo con las estaciones del año. Se pueden aprovechar como energía eólica, *predecible, en dirección, intensidad y periodos de tiempo* en ciertas zonas, de los continentes y del mar.

Conociendo esos mapas, que **ya son precisos y predicen en tiempo real con varios días de adelanto,** se puede saber que energía eléctrica se obtendrá y *cuando será necesario complementar con otro energético durante lapsos de ausencia de la primaria.* Estos mapas meteorológicos, también **predicen los vientos fuertes**, *permitiendo se apliquen procedimientos preventivos para evitar daños a los equipos.*

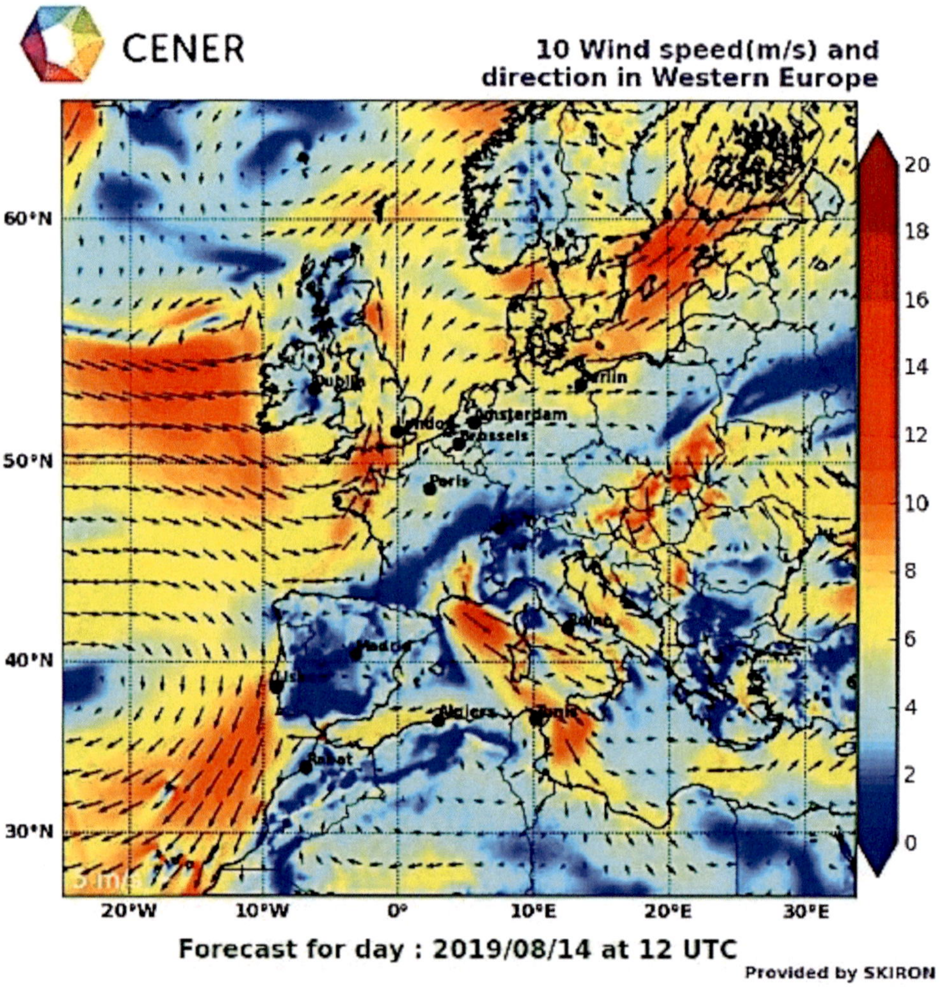

Figura 48. Mapa Eólico de Europa, en Tiempo Real (38)

I. TECNOLOGÍA EÓLICA

Después de las fuerzas animal y humana, el viento fue la primera energía natural utilizada por los veleros y constituyó un adelanto importante en la civilización, de egipcios, fenicios y griegos del siglo X a.C. Con los viajes se intercambiaron conocimientos de agricultura y geografía.

Los **molinos de viento** se usaron en Mesopotamia para moler granos y se difundieron en las costas del Mediterráneo. En la edad media algunos viajeros llevaron a Europa la idea de los molinos del mediterráneo. Se utilizaron **para moler trigo y sacar agua** de los pozos. Con el tiempo en el continente se adaptaron a las corrientes de agua o a la fuerza animal. **Únicamente en las costas del mar del Norte de Europa continuaron aprovechando los vientos hasta nuestros días.**

Figura 49. Molinos de Viento para Moler Trigo y Sacar Agua en Holanda (39)

- Varios molineros y maestros de escuela intentaron **adaptar el eje a un generador eléctrico,** entre ellos **Lord Kelvin**

Figura 50. Molino con la Primera Turbina Eólica en los EE.UU. (40)

- En **1888 Charles F BRUSH**, maestro e inventor del **dinamo**, construyó la **primera turbina eólica** de 17 m de diámetro, con 144 aspas de cedro: generaba 12 kWh y cargaba una batería de plomo en el sótano de su casa, en *Cleveland, Ohio*.

- La utilización de la **energía eólica se popularizó** antes que la solar **en Holanda**, por ser un *país con viento sin reservas de petróleo.* No era competitiva para las compañías petroleras por lo que no se le dio importancia pensando que se utilizaría solo en sitios con mucho viento. Sin embargo, primero surgieron varios modelos pequeños y después, grandes aerogeneradores.

- El Meteorólogo **Poul la Cour,** profesor de "Electricidad Eólica" en el Instituto Folk de Askov, **Dinamarca,** *construyó varios aerogeneradores de prueba y concluyó que turbinas de giro rápido con pocas aspas son más eficientes que las de giro lento.*

Figura 51. 1897 Molino de Poul la Cour (39)

En **1904 La Cour** fundó la **"Society of Wind Electricians"** *y publicó la primera revista Eólica.*

Figura 52. La Primera Revista Eólica (39)

Noticia de 1918:

120 empresas locales funcionaban con generadores de 20 a 35 kW de potencia.

AVANCES NOTORIOS EN TECNOLOGÍA EÓLICA

1. DINAMARCA, LÍDER EN LA FABRICACIÓN DE TURBINAS

En Europa, **los aerogeneradores de Dinamarca *están en el mar*** para aprovechar los vientos del Mar del Norte y por ser un país pequeño con poca superficie terrestre.

Figura 53. Aerogeneradores en el Mar, en Dinamarca (41)

En 10 años, **Dinamarca** duplicó la generación eólica. **En 2020, el 50 %** de su consumo será a partir de **energía eólica**, en *2030 eliminaran el carbón* y en **2050 será el 100% con energías alternas.**

Figura 54. Instalación Típica en el Mar, Aprovechando la Fuerza de los Vientos, Dinamarca (41)

En Dinamarca funcionan aún *turbinas con 40 años de uso*. El plan energético del país es *fabricar turbinas y exportarlas al mundo entero*. Internamente, incrementarán el número de turbinas para exportar energía a los países vecinos, Alemania, Noruega, Suecia y Finlandia.

De esta manera *se han creado **profesiones nuevas***: 10,000 empleos especializados para 2020. Los pescadores tienen hijos ingenieros, administradores, técnicos con un futuro asegurado. Se han creado ***nuevas compañías*** basadas en la energía eólica eléctrica.

Al mismo tiempo ***desmontan los aerogeneradores obsoletos e incrementan la generación de energía sustituyéndolas con turbinas nuevas de mayor potencia.***

Lo anterior se aprecia en la siguiente gráfica:

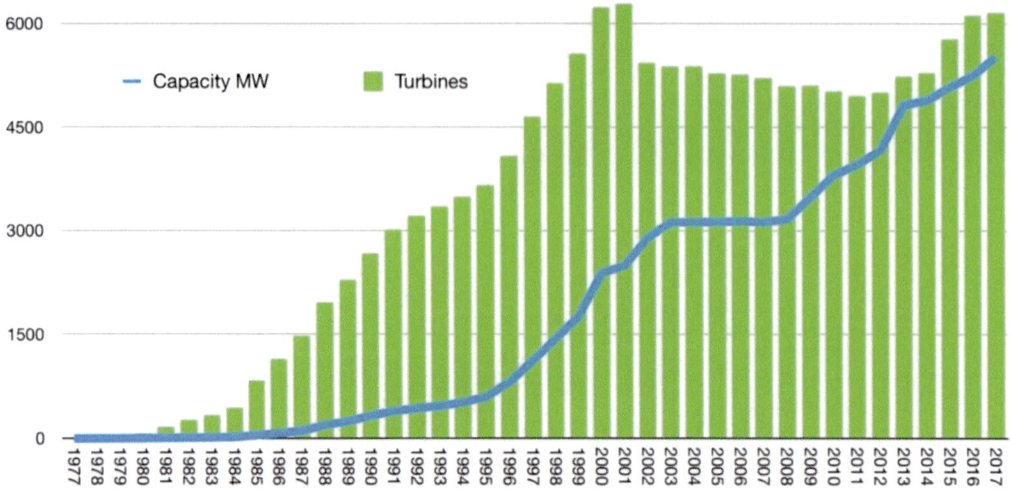

Figura 55. Historial de la Producción de Turbinas y sus Capacidades en Dinamarca (42)

En 1977 empezaron a fabricar aero-generadores; con el tiempo la tecnología se difundió en España, Alemania, últimamente en China, en total son 15 fabricantes importantes en el mundo.

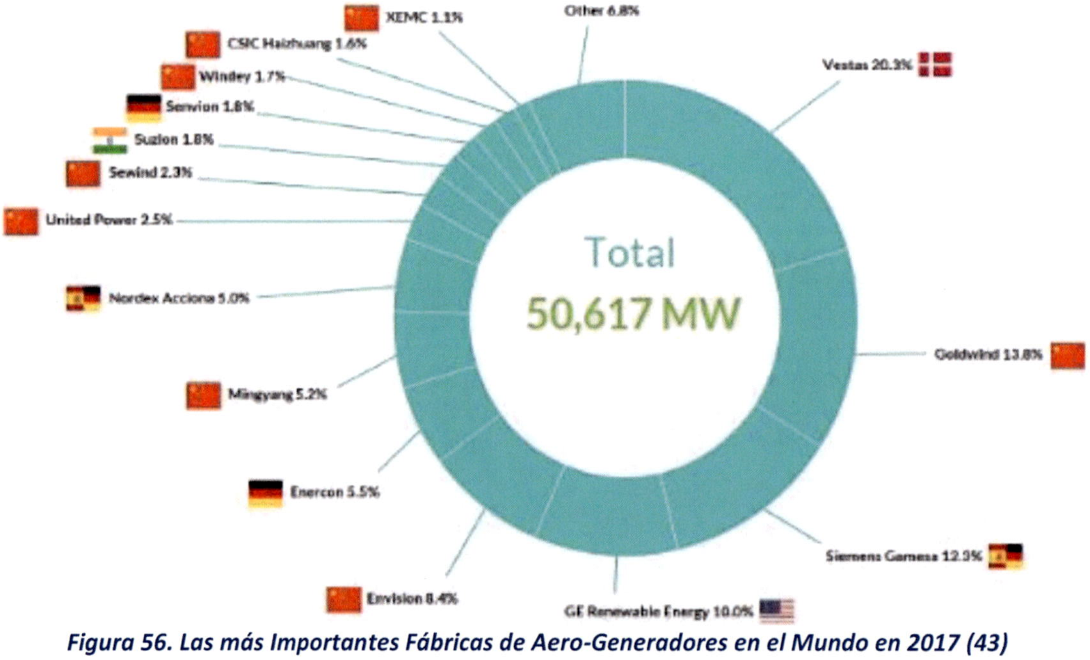

Figura 56. Las más Importantes Fábricas de Aero-Generadores en el Mundo en 2017 (43)

La empresa Vestas de Dinamarca sigue siendo el líder como empresa con 20% del mercado y China con 8 compañías tiene el 36.4% del mercado como país. *Diario Renovables*

El *costo actual de instalación* de aerogeneradores *en tierra* es de 1.4 Millones de € / MW de potencia y la instalación *en el mar* es de 2.5 Millones de € / MW **instalado.**

2. Holanda, el proyecto más grande del mundo

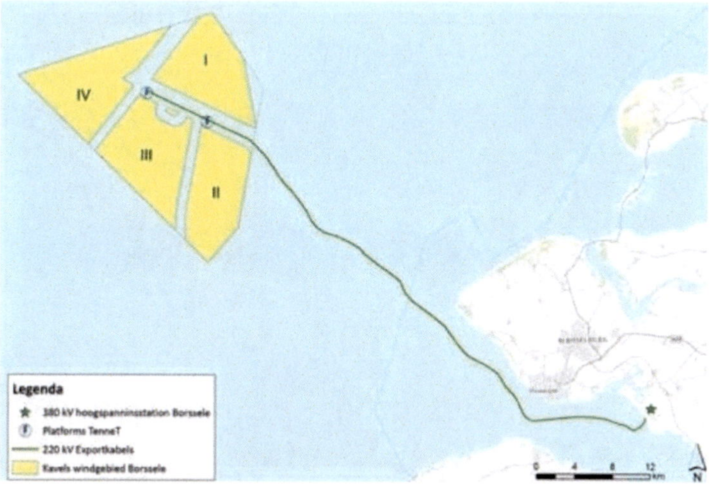

Figura 57. Etapas de la Plataforma Tennet (41)

- Un aerogenerador instalado en el mar del Norte suministra electricidad a 6,000 hogares
- Enviará Corriente a 220 Kv a la Subestación Borssele.
- El costo de la energía eólica será de 72.7€ /MWh (0.081$/kWh)

3. Alemania, la mejor respuesta ciudadana

Los ciudadanos particulares han financiado la mitad de las inversiones alemanas **en energías renovables** desde que *una ley que las hizo rentables*: ***el parque eólico vende electricidad a la red eléctrica nacional, pero también abastece a la red municipal que hace*** *autosuficiente a este pequeño pueblo alemán.*

La estrategia es:

1ª etapa: reemplazar las nucleoeléctricas por campos solares y eólicos.

2ª etapa: cerrar las carboeléctricas.

Figura 58. Instalación de Aerogenerador en Laasow. (44)

En 2007, en Alemania se instaló el aerogenerador con unas de las aspas más grandes del mundo (90 m) en Laasow, Vetschau, con una capacidad de generación de 7,200 MWh/año.

4. México, en el Intento

El potencial eólico del país no ha sido estudiado con profundidad por decisión del gobierno de México, que durante varios sexenios ha persistido en una política petrolera.

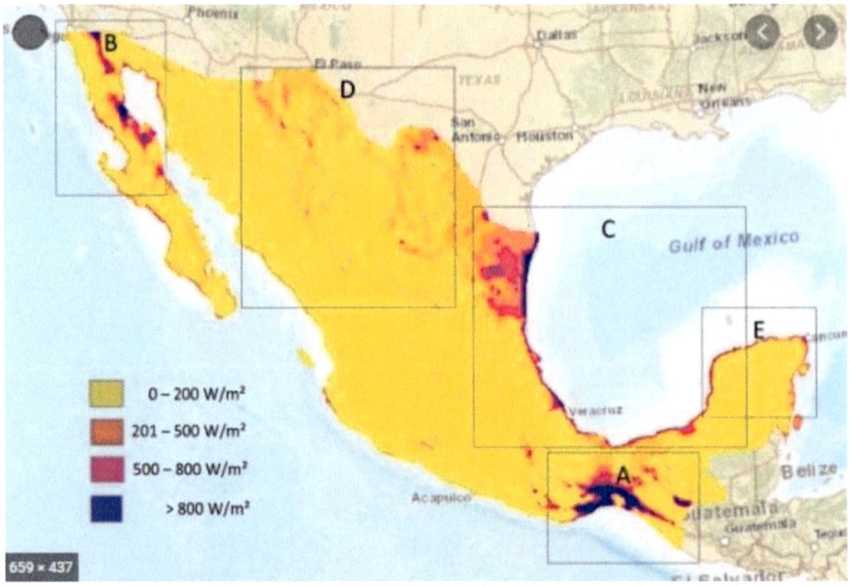

Figura 59. Capacidad de Generación Eólica en México (45)

Figura 60. La Ventosa, Oaxaca, México (Eólico Bii Nee Stipa III) (46)

La Ventosa, Zona Privilegiada para el Aprovechamiento de los Vientos en México

> *La capacidad del viento en México puede alcanzar 50,000 MW de potencia eólica.*
> *Se han instalado ya 170 MW de capacidad eólica, 0.34 %, con la mayoría del capital de origen español. El viento puede generar conservadoramente de 90 a 109 TWh, 30 % de 319 TWh, el consumo del país en 2016.*

Dato más reciente de CFE.

Se requiere una inversión de 56,000 millones de dólares para generar esa energía eléctrica y aprovechar esa potencia eólica en su totalidad.

II. AVANCES DE LA TRANSICIÓN ENERGÉTICA

1. En 2004

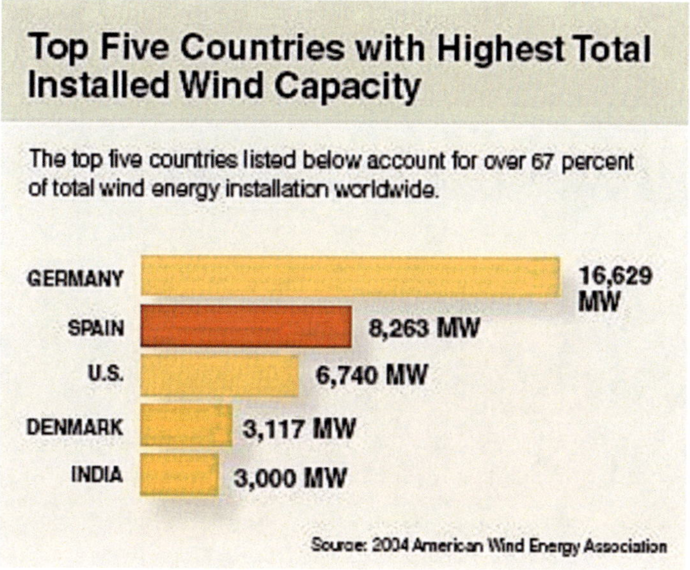

Figura 61. Cinco Países Líderes en 2004 (47)

2. En 2018

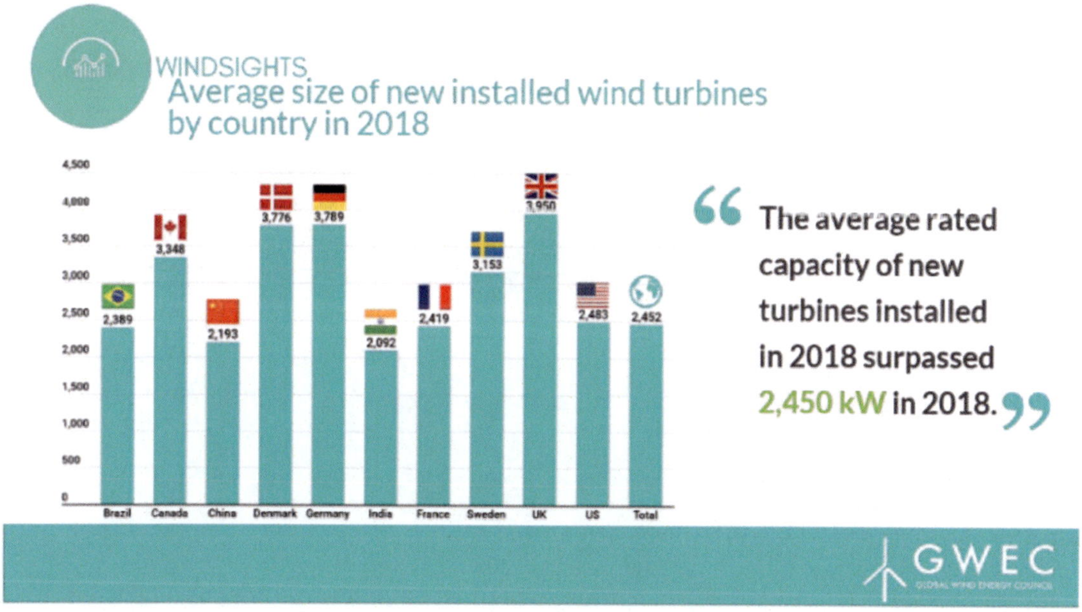

Figura 62. Países con la Mayor Capacidad Eólica en el Mundo en 2018 (43)

Comparando las dos gráficas anteriores, vemos que, *en 14 años*, la tendencia de recurrir a las energías renovables va en aumento. Los países con mayor capacidad eólica *pasaron de 5 a 9* y la potencia instalada aumentó de *37.75 GW a 501.2 GW*. Es un incremento mayor a 1300 % y falta la información de algunos países.

3. EN 2019-2020

Brasil ya cuenta con 143 aerogeneradores más y Australia está construyendo su cuarto parque eólico. La India y España han incrementado sus instalaciones y alcanzan un 6% de la producción mundial, actualmente. Pero el record, lo tiene China que con más de un centenar de parques eólico cubren el 31% de la producción global.

Figura 63. Parque Eólico de Gansu, China (48)

Además, con **otras tecnologías innovadoras**, las plantas solares del **norte de África** son susceptibles de suministrar energía eléctrica, HVDC (High Voltaje Direct Current) a los países europeos.

Los *cables submarinos* funcionan desde 1857 para comunicación; sin embargo, los cables conductores de *HVDC corriente continua de alta tensión,* incrementaron su uso al generalizarse los aerogeneradores en mar y tierra con la ventaja de tener solamente *3% de pérdidas en 1000 km comparando con 25% de pérdida de la corriente alterna convencional (HVAC)*

Figura 64. Cable Submarino desde el Norte de África (49)

Figura 65. Al Sur de Europa y al Interior del Continente (50)

LA ENERGÍA EÓLICA ES UNA DE LAS MEJORES ALTERNATIVAS DE REMEDIACIÓN AL CALENTAMIENTO GLOBAL.

B. ENERGÍA SOLAR

El sol sale para todos,
todos los días desde hace
4,800 millones de años y es gratis;
ya es tiempo de usarlo,
pero es necesario aprender a utilizarlo...

INTRODUCCIÓN

Ahora necesitamos aprovechar la energía que se ha escapado durante milenios, el albedo, *para generar electricidad* y usarla directamente en los procesos que utilicen la radiación del sol. Esto podemos hacerlo, con **dos tecnologías:**

- la **fotovoltaica,** muy conocida hoy en día y difundida en diferentes paises: ya es competitiva en costo de MW instalado y en costo de MWh de energía eléctrica;

- la **termo solar,** que se ha desarrollado sobre todo en países del cinturón solar de la tierra, como España, Israel, Estados Unidos, Marruecos. En tiempos recientes, los Países Árabes tienen grandes proyectos, así como China y la India.

I. LA IRRADIACIÓN SOLAR.

Sabemos que el sol suministra la energía para:

- combinar C, O_2, H_2 y N_2, lo que origina la vida y
- que, a través de millones de años, se formaron,
    - *los combustibles fósiles* almacenando así, **la energía solar**.

La irradiación solar que llega a la tierra está constituida esencialmente por

- **9 %** la *radiación ultravioleta*,
- **42 %** *el espectro visible* o **energía luminosa**,
- **49 %** *la radiación infrarroja* o **energía térmica.**

1. El Espectro de la Radiación Solar

El ojo humano está sintonizado para recibir información desde el violeta hasta el rojo. La radiación ultravioleta (UV) está al inicio del espectro solar, de ahí su nombre.

La radiación UV del sol elimina virus y bacterias de organismos muertos o en descomposición. Tiene la función sanitaria en la naturaleza. La exposición en exceso al sol nos afecta la piel causando quemaduras, algunas veces manchas que se pueden transformar en cáncer de piel. Las lámparas UV se utilizan para esterilizar equipos médicos y complementar la purificación de agua. Ciertos animales perciben la longitud de onda de la luz UV y del espectro visible.

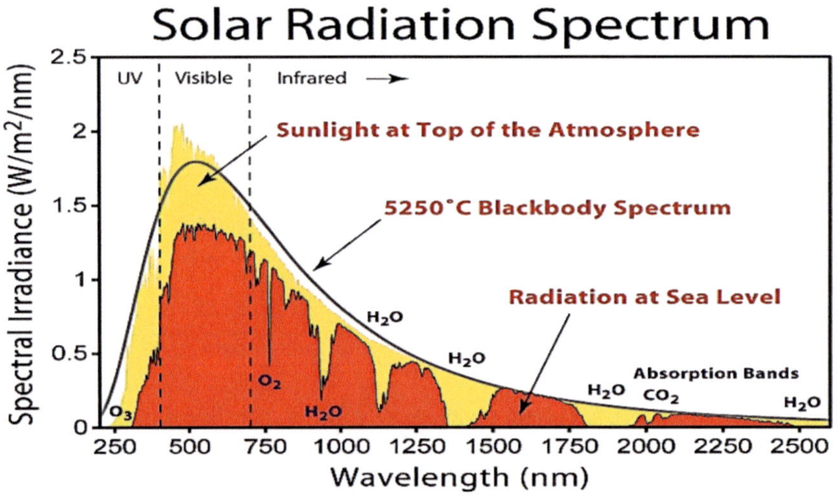

Figura 66. Espectro de la Radiación Solar sobre la Tierra (51)

El espectro visible se traduce en luz, tiene el rango de longitud de onda que percibe el ojo humano y nos permite ver y apreciar la naturaleza a todo color. **Esta franja de la radiación solar es utilizada por las fotoceldas para generar electricidad y llega a todas partes del planeta.**

La radiación infrarroja, invisible al ojo humano, **es calor**, **no es necesario quemar algo y contaminar para producirla. EL 49 % DE LA RADIACIÓN SOLAR YA ES CALOR...** Este calor, junto con las otras dos radiaciones, dan lugar a la temperatura ambiente, el vapor de agua, los vientos, huracanes, lluvia, corrientes marinas, mareas y la vida sobre la tierra.

2. Radiación Solar Anual en la Tierra

La irradiación solar *proveerá energía* cientos de veces mayor a las reservas de los combustibles fósiles y *miles de veces superior a las necesidades energéticas de la humanidad*, como se aprecian las proporciones siguientes:

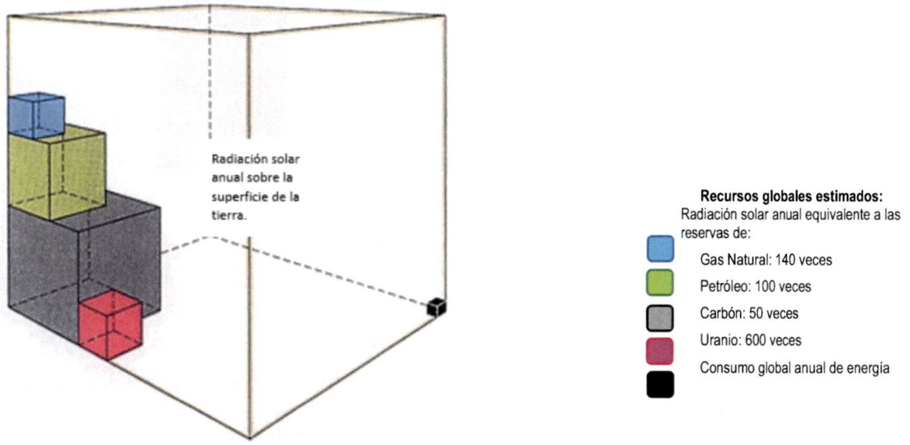

Figura 67. Equivalencia de la Radiación Solar Térmica y los Combustibles Fósiles (52)

Esta radiación térmica solar anual proporciona la energía equivalente a la energía suficiente para el consumo global de la humanidad durante **40,000 años**. Cada año, **los desiertos del hemisferio norte**, en África, Marruecos, Egipto, Argelia, Medio Oriente, China **y México**, **del paralelo "20 ° al 30 LN"**, reciben una cantidad de energía equivalente a **1.5 millones de barriles de petróleo por cada km^2.**

Esta zona es conocida como "El Cinturón Solar de la Tierra"

En el hemisferio sur, son las mismas condiciones para Chile, Argentina, Perú, África del Sur y Australia.

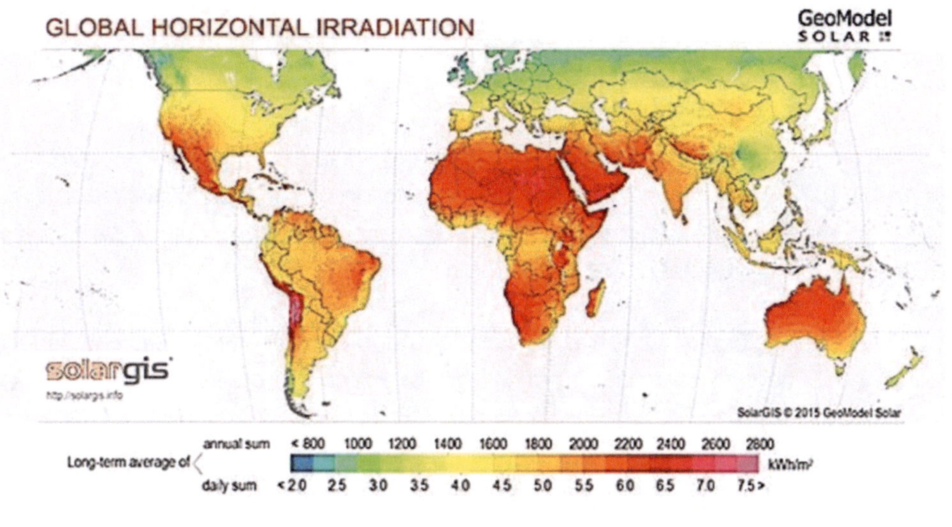

Figura 68. Mapa de la Irradiación Solar Global (53)

El mapa muestra las zonas del cinturón solar de la tierra en ambos hemisferios

II. ENERGÍA SOLAR FOTOVOLTAICA

El desarrollo fotovoltaico aprovecha *parte de* ***la energía luminosa del espectro solar***, **el 42 % del total**, el rango del espectro visible.

La luz solar ha iluminado a la humanidad desde el tiempo de las cavernas. Los astrónomos e ingenieros han utilizado durante siglos la rectitud de los rayos del sol en la construcción para alinear monumentos y ciudades.

El *primero* en obtener algo más que luz fue **Becquerel,** físico francés, que en **1893** obtuvo una *corriente eléctrica a partir de luz solar sobre un electrolito y un electrodo de plata.*

Charles Fritts retomó el experimento; otros científicos continuaron la investigación y hasta después de **1950** en los EE.UU., hicieron la *primera fotocelda a base de silicio.*

Entonces, **las fotoceldas** se desarrollaron ***para calculadoras y relojes***. Sin embargo, esta tecnología se *desarrolló lentamente* por *el costo elevado de* las *fotoceldas* y *la* ***baja eficiencia, 12 a 15%,*** comparada con *40% de las termoeléctricas.*

La energía generada por las fotoceldas se *almacenaba en baterías de ciclo profundo*, con objeto de utilizar la electricidad en la noche.

Las **batería**s tenían una **vida de 2 a 3 años** por lo que, al desecharlas, se convertían en *residuos peligrosos*. Este fue otro inconveniente para el uso de esta tecnología.

Pero la reforma energética en México permitió prescindir de las baterías, al hacerse la interconexión del equipo a la red de CFE.

Además, las obleas de silicio (Si) amorfo de los paneles fueron cambiando a *silicio policristalino* para *mejorar la generación* de electricidad y *aumentar la eficiencia* al disminuir los límites entre cristales.

La *conductividad mejoró* aún más cuando se hicieron *mono cristales de Si*, facilitando el flujo de energía.

Al igual que la energía termo solar que se aplicó en los EE.UU. durante las crisis del petróleo, *la energía fotovoltaica respaldó, en Alemania, la decisión de cerrar 7 de las 14 plantas nucleares,* después del tsunami de Fukushima que puso en crisis de energía a Japón por los daños a las plantas nucleares, después del **11 de marzo 2011.**

El gobierno alemán instaló de manera acelerada, plantas fotovoltaicas con capacidad **7.6 GW en 2012,** previendo el invierno que aproximaba. *La energía fotovoltaica superó la producción de las 7 nucleares cerradas.*

Esta decisión reforzó la *"**Energiewende**", transición energética* ***iniciada*** *por la población* ***en 1970, oponiéndose a la energía nuclear y años después, a los combustibles fósiles.***

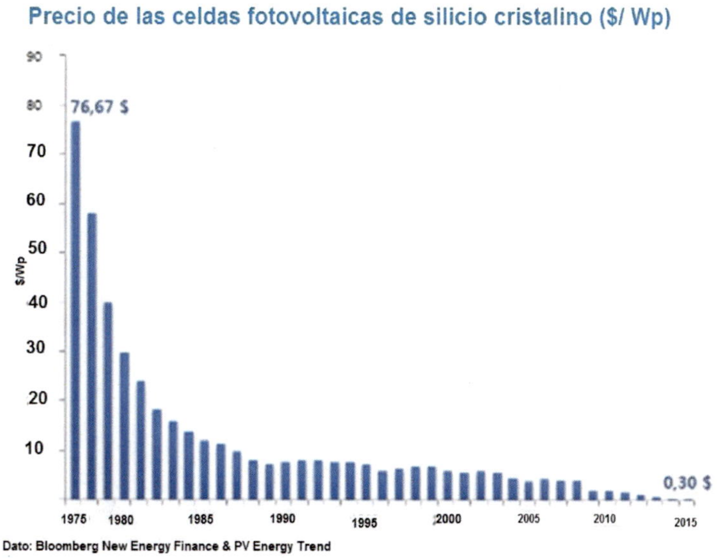

Figura 69. Precio de las Celdas Fotovoltaicas por W FV Instalado de Silicio Cristalino ($/Wp) (54)

La tendencia descendente de la gráfica muestra, la reducción de 100 % en 36 años del costo de los paneles fotovoltaicos por W FV instalado.

A principios de este siglo, **los fabricantes de fotoceldas de China mejoraron la tecnología, la calidad y los costos**. Recientemente se desarrollaron *foto celdas flexibles* y *en forma de tejas*. Los equipos FV se pueden *instalar sobre las casas sin afectar el paisaje*: se incorporan fácilmente a la arquitectura cubriendo extensiones considerables sobre edificios, campos deportivos, oficinas, estacionamientos.
Con esta tecnología, la **generación eléctrica fotovoltaica ya es competitiva** *en el mercado cautivo de los combustibles fósiles.*

En varios países, se han cubierto de fotoceldas grandes espacios ociosos o de cultivos dando lugar a plantas generadoras de energía.

- **Alemania, es el país del mundo con mayor capacidad solar instalada, (25 %)** y se localiza a la misma latitud de la provincia canadiense de Labrador.

Figura 70. Paneles Solares junto al Aeropuerto de Eberswalde-Finow, 50 km al Norte de Berlín (55)

Cualquier sitio donde dé el sol, es bueno para colocar paneles fotovoltaicos. La mayoría de las placas se montan en los tejados de las casas y edificios.

- **En Francia:** se han transformado campos de cultivo en plantas generadoras de energía. Antes cosechaban lavanda... ahora cosechan 26 GWh/año.

Figura 71. Granja Foto Voltaica en Antiguo Campo de lavanda. Les Mees, Francia (56)

- **En China**, el campo solar, ubicado en Shanxi, Datong, ocupa 123 Ha. Inició operaciones en Jun 2017 y suministra a 3.2 millones de KWh los próximos 25 años, a 34,000 hogares. Esta antigua capital del carbón tiene ahora, fábricas de autos eléctricos, energía eólica y solar.

Figura 72. Proyecto de Datong, China (57)

El programa de desarrollo de Las Naciones Unidas (PNUD) formó una alianza de *cooperación entre varios países en desarrollo*, para combatir el calentamiento global. Los países son **China, Fiji, Filipinas y otros más** que instalarán **plantas fotovoltaicas en forma de pandas.**

New Energy/Panda Green Energy

Figura 73. Vista Aérea de otra Granja Foto Voltaica en Datong, China. Publicada 26 de junio 2019 (58)

- Esta granja, de 248 acres, en **Datong, CHINA, iniciará con 100 MW** como primera etapa. En 250 Ha, en 25 años, generará 3.2 TWh y *evitará 2.74 millones de ton de CO_2, un millón de toneladas de carbón que no se quemaran.*

- Al sur de la **India**, en **Pavagada,** se está construyendo el que será el mayor campo solar fotovoltaico conocido: producirá **2,000 MW,** suministrará energía **a 770,000 hogares** superando a la **planta Solar Star de 579 MW** de ***Lancaster, California.***

Figura 74. Granja Foto Voltaica en Construcción de Pavagada, India (59)

El primer ministro **Narendra Modi** está promoviendo **la Alianza Solar Internacional entre 121 países.** En **2022, India** producirán **100 GWh** a base de energía solar, *igual a la energía producida en España.*

III. ENERGÍA TERMO SOLAR.

De acuerdo al espectro de radiación solar (fig. 66), la radiación infrarroja es el 49% de la radiación solar, y es CALOR.

La gran oportunidad del momento actual es aprovechar, en beneficio de la humanidad, esa energía calorífica del sol:

- ¡ya es calor!
- no es necesario quemar carbón, petróleo o gas
- no genera CO_2 para su obtención.

La radiación solar se ha utilizado por el ser humano desde que hay vida.

La primera vez que se registró en la historia, fue en el año 212 AC. en Siracusa, cuando Arquímedes incendió las velas de la flota romana con el reflejo de los rayos solares en un vidrio "ardiente".

Figura 75 Pintura Mural de Giulio Parigi, 1599: Leyenda de la Defensa de Siracusa. (60)

La energía termo solar puede obtenerse del 49 % de la radiación solar, que ya es calor, sin necesidad de quemar algún combustible fósil. La energía termo solar se aprovecha para calentar agua y en algunas instalaciones gigantescas puede generar vapor y mucha más electricidad.

En México, esta fracción de irradiación normal directa promedio, equivale, en energía, a **2,050 GWh / km² / año.** Con tal energía solar, una planta **foto voltaica** o **termo-solar** de concentradores parabólicos, con una **eficiencia entre 15 y 35 %,** puede producir energía eléctrica del orden de: **420 GWh / km² de área receptora / año.** Con la unidad de producción de energía eléctrica mencionada, se puede generar, mediante las técnicas solares, la energía eléctrica equivalente a la generada por combustión y energía nuclear:

¡268,680 GWh!, *el **84.13 %** del total publicado por CFE: **319,363 GWh en 2016.***

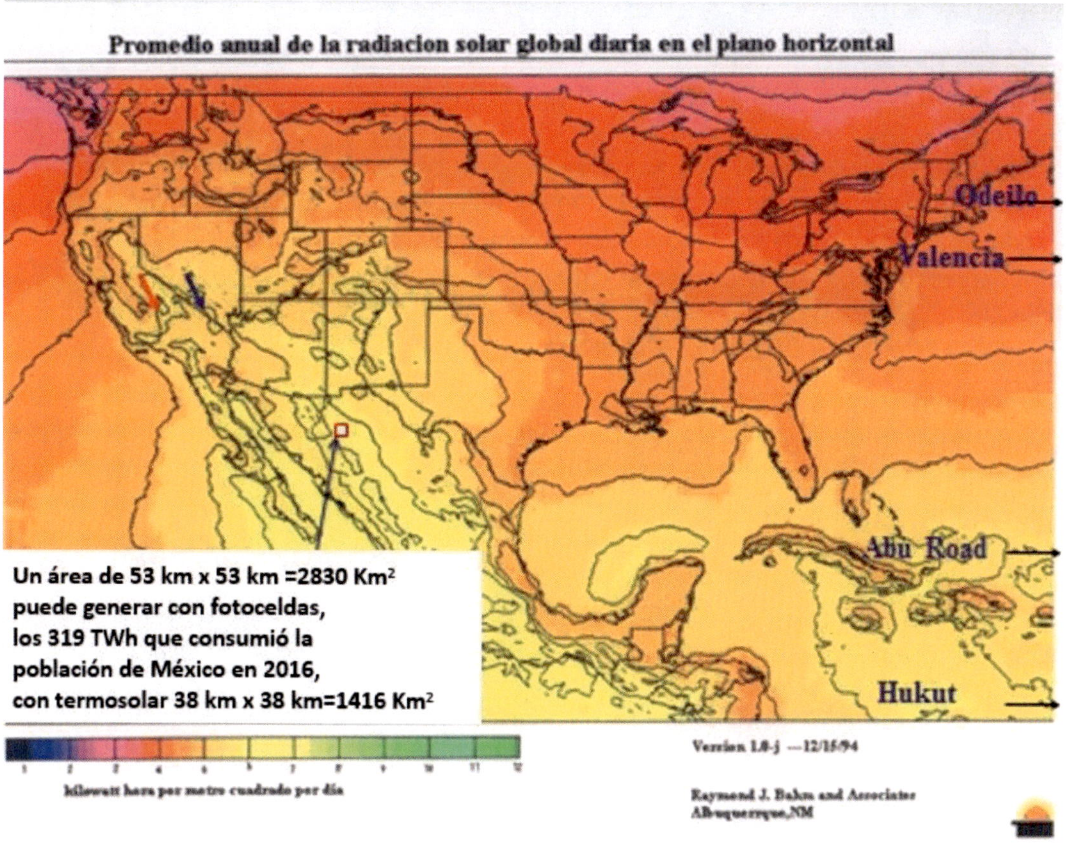

Figura 76. Mapa de la Irradiación Solar Promedio en México (61)

En un área de 2,830 km^2 (53 km por 53 km), equivalente a poco más la extensión de la ciudad de Puebla, **el 84.13 %. es la meta que debemos alcanzar. Actualmente la tecnología eólica y la fotovoltaica producen 13,732 GWh/año: lo que representa apenas el 4.3 %.**

La mega planta solar podría dividirse en unidades menores y localizarlas cerca de los centros de consumo.

MÉXICO TIENE LA GRAN VENTAJA DE LOCALIZARSE EN EL CINTURÓN SOLAR DE LA TIERRA.

Sin embargo, el uso de la energía solar deberá complementarse con *energía eólica, mare-motriz y biogás* para generar toda la demanda de energía eléctrica, que va en aumento diariamente, y *así reemplazar los combustibles fósiles.*

1. Concentradores Cilíndrico Parabólicos (CSP)

La tecnología "Termo Solar Cilíndrico Parabólica, CSP", se *desarrolló en los EE.UU. como alternativa a la escasez de hidrocarburos*, debido a crisis o guerras por petróleo y accidentes nucleares.

Las instalaciones existentes concentran la irradiación solar *en diferentes tipos de equipos*. Son todavía caras y se debieran utilizarse combinadas con combustibles reciclados menos contaminantes como bio-gas para generar energía eléctrica *en ausencia de la irradiación*.

A) EVOLUCIÓN DE LA TECNOLOGÍA CSP

Figura 77. Primera Planta Termo solar CSP "Solar One" en Operación desde 1975 (62) (Desierto de Mojave, California), sigue funcionando

- **Las primeras plantas termos solares, SEGS I y II** *(Solar Generation Station)*, con espejos cilíndrico-parabólicos *concentran los rayos solares en un* ***tubo colocado en el foco de la parábola.*** Por este tubo, *circula el agua* que se va *calentando hasta producir vapor* y **generar electricidad en un turbogenerador** similar a una termoeléctrica: lo que hizo **necesarias grandes extensiones de espejos cilíndricos y tuberías.**
  Se construyeron en el **desierto de Mojave, California**, a consecuencia del primer embargo petrolero a los EE.UU. por la guerra del Yom Kippur. (Ver fig. 24)

- Con la misma tecnología, **CSP, en los años 85 al 90**, *por nueva crisis de petróleo de los EE.UU.* durante la guerra de Iraq, se construyeron otras plantas en California.

Figura 78. Construcción de 7 Plantas del mismo Tipo (63) en Kramer Junction y el Lago Harper. Produciendo 354 MW

Hoy, 20 años después, *siguen funcionando perfectamente* para los pobladores **de San Bernardino California.**

❖ **En 2007,** se construyó como *segunda generación*, **otra planta de CSP parabólicos** en el **desierto de Nevada**, latitud 37 ° N, a causa de la escasez de petróleo por la guerra del Golfo. Para *evitar los inconvenientes de transportar vapor*, **se calentaron aceites** para evaporar agua en el intercambiador de calor. Esta planta suministró energía a 40 mil hogares en 2008.

Figura 79. Planta Solar One de Solargenix, 2ª Generación de CSP (64)

❖ *La tercera generación de tecnología* **CSP** tiene un *cambio tecnológico muy importante*: ***almacenar calor como sal fundida para generar vapor y electricidad durante la noche.***

> *"A coffee thermos and a laptop computer's battery store about the same amount of energy. The thermos costs about $5 and the laptop battery $ 150 " **

O'DONNELL John S. www.ausra.com. "New Way to Store Solar Energy for Nighttime and Cloudy days", **New York Times,** 2008

Figura 80. Andasol, 50 MW en España (65)

Esta planta ocupa 130 ha, genera 136 millones de kWh/año, alcanza una temperatura de 200 a 400 ° C, con una eficiencia η de 15- 20 % de radiación solar a electricidad. Costó 263 millones de euros.

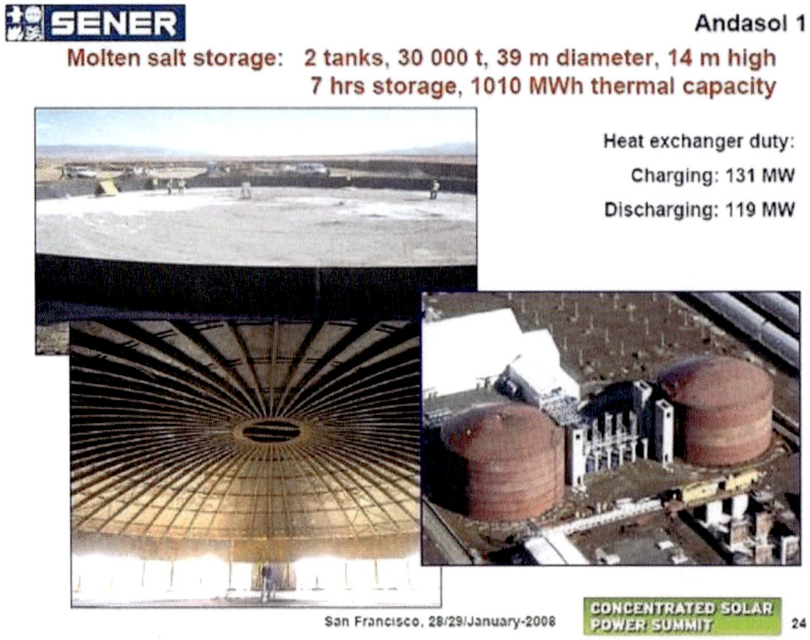

Figura 81. Andasol 1 y 2, San Francisco, EE. UU, Construidos por ANDASOL, España (66)

El *almacenamiento de la sal fundida en los termo-tanques, permite suministrar energía eléctrica en ausencias de sol.* Esta mejora tecnológica aumento la flexibilidad de la planta solar. Así se construyeron también" **ANDASOL 2 y ANDASOL 3**".

- La *siguiente generación tiene otro* ***cambio tecnológico*** para producir energía eléctrica en ausencia de irradiación solar: es de ***ciclo combinado con gas***, igualmente podría ser biogás ***En esa fecha, era la primera planta de ciclo combinado con energía solar.***

Figura 82. Planta Termo solar de Ciclo Combinado con Gas en El Hassi R'Mel en Argelia (67)

Esta planta genera 25 MW con reflectores CSP de Abengoa y 130 MW con gas. El vapor generado por ambos arreglos pasa por la turbina de la central eléctrica.
Se inauguró en **2011**.

❖ La siguiente foto muestra la *termo-solar de ciclo combinado* con 472 MW de capacidad. Es la **primera instalación <u>con tratamiento desalinizador de agua</u>** en el mundo

Figura 83. Planta TSCC Solar Gas en Ain Beni Mathar, Norte de Marruecos por Abengoa Solar, 2014 (68)

Esta planta solar de ciclo combinado con gas es la primera en el mundo que *destila agua de mar para hacerla potable.*
Esta innovación fue premiada por el Banco de Desarrollo Africano. El agua se utiliza en la planta misma y parte se destina a la comunidad de **Ain-Beni Mathar** cuya población es de 15,000 habitantes.
La energía generada representaba el 10 % del consumo del país de 2010.

B) CRECIMIENTO DE LA UTILIZACIÓN DE LA TECNOLOGÍA CSP EN EL MUNDO

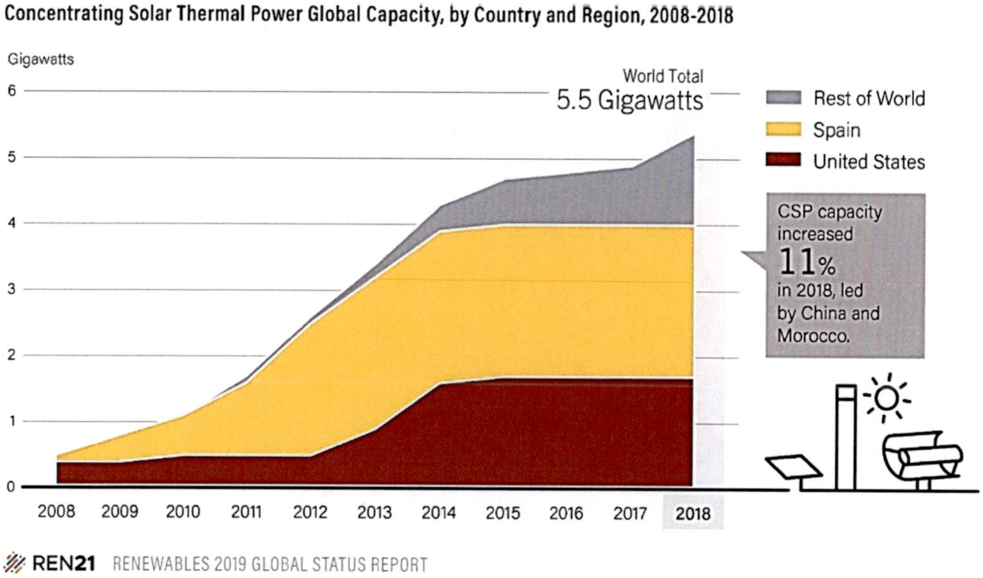

Figura 84. Evolución de la Producción Mundial de GW por CSP de 2008-2018 (69)

Las tecnologías termo-solares están en progreso en el mundo: *los proyectos CSP son 70 % y el resto son torres (ver siguiente aplicación)*; 10 de 20 proyectos tendrán **almacenamiento térmico (h TES)**:

China	*Shouhang Dunhang* *Supcon Delngha* *Delingha*	la fase II de la Torre con de capacidad 110 MW (**11 h TES**) Torre de 50 MW (**7 h TES**) Torre de 50 MW (**9 h TES**)
India	*Gujarat Solar One* *Dadri*	25 MW (**9 h TES**) *en construcción* **ISCC** 14 MW *en construcción*
Marruecos	*Noor II* *Noor III ISCC*	7 h TES 500 MW (**7 h TES**) *en construcción*
Sudáfrica	*Langa I* *Kathu Solar Park*	100 MW (**4.5 h TES**) 100 MW (**4.5 h TES**) Inicio operaciones 2019
Arabia Saudita	*Wood Al Shamal* *Duba I*	ISCC 50 MW en operación ISCC 43 MW *en construcción*
Kuwait	*Shagaya*	50 MW (**10 h TES**) inicio operación en 2019
Emiratos Árabes	*Mohamed Bin Rashid Al Maktoum*	**ISCC** 700 MW *en construcción*
Israel	*Desierto de Neguev*	Chimenea solar por definir
Estados Unidos	*Mojave*	Chimenea solar por definir

Un ***argumento muy importante*** en la **competitividad de los procesos generadores de *electricidad a partir de combustibles fósiles*** *es el* <u>costo del kWh</u> argumentando que:

❖ <u>es el más barato</u>

pero, **no se tomó en cuenta**

→ ***el costo de remediación del calentamiento global***

→ ***el costo de almacenamiento de residuos radiactivos por miles de años.***

La siguiente **gráfica comparativa del costo del KWh generado mediante proceso CSP**, en diferentes latitudes y regiones, muestra que la *tecnología termo solar ha mejorado* de forma tal que **ya es competitivo**.

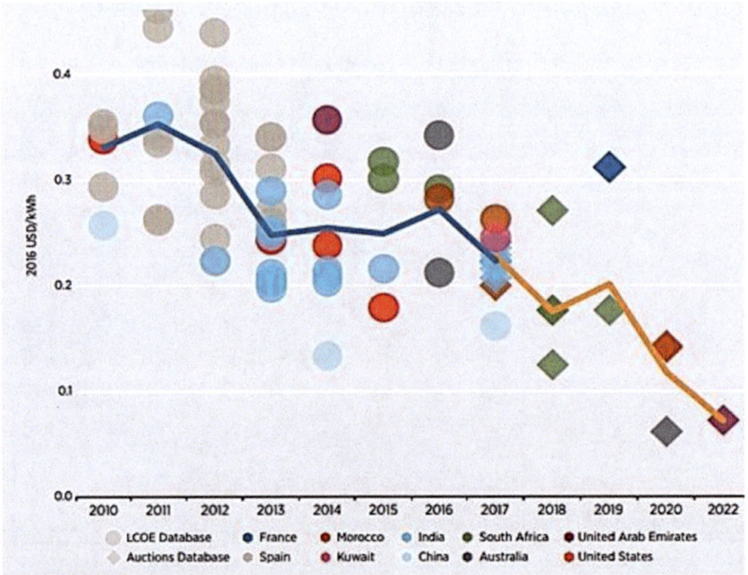

Note: Each bubble represents a renewable energy project. The center of the bubble is the winning bid price in that year.
Source: IRENA Renewable Cost Database and Auctions Database.

Figura 85. Variación del Costo del KWh Producido por CSP, por Países, de 2010-2019 con Proyección a 2020 (70)

2. CONCENTRADORES SOLARES DE TORRE

A) LAS CHIMENEAS SOLARES

Una de las primeras aplicaciones solares del siglo XX fue la **chimenea solar de 1906:** un motor eólico solar patentado por **el Coronel Isidoro Cabanyes** que construyó en una finca madrileña, como" Proyecto de Motor Solar".

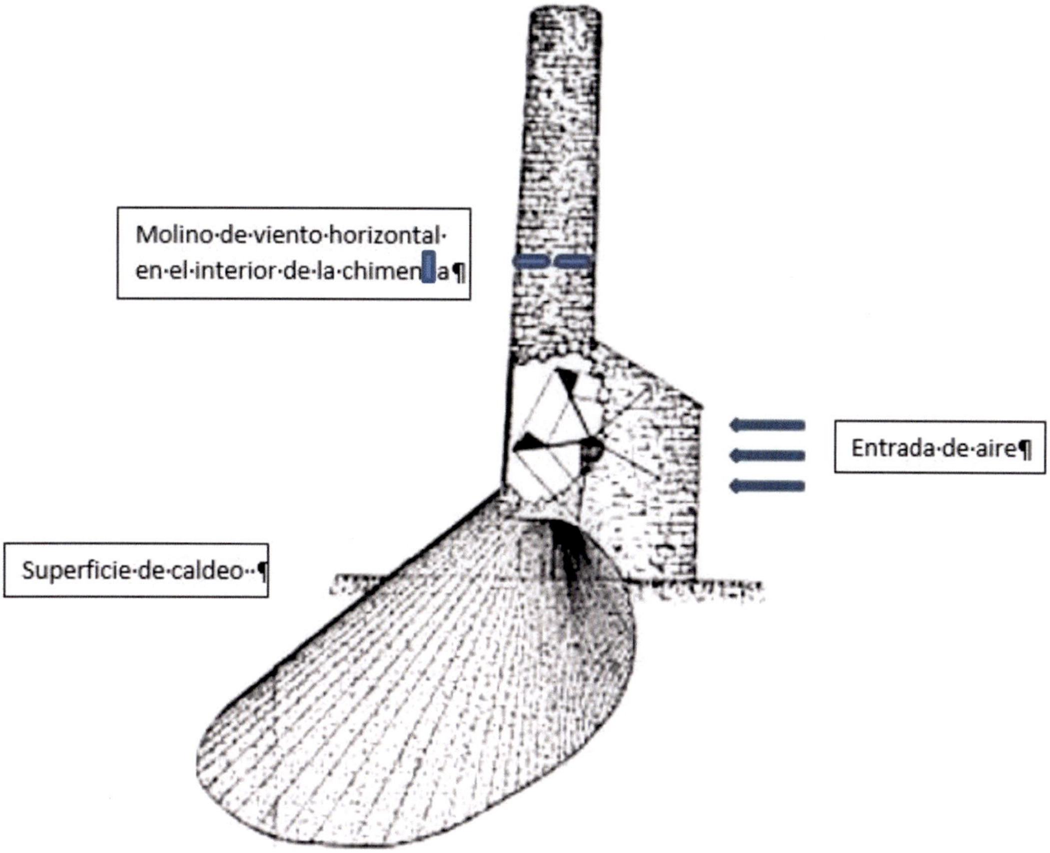

Figura 86 .Chimenea Solar Construida por el Coronel Isidoro Cabanyes y Luis de la Mata (71)

La chimenea de 36 m de alto tenía del lado sur, una cubierta negra de malla de alambres entrelazados con agujeros para calentar el aire y en el lado norte, unas toberas para aumentar el flujo de aire. En el interior, había un radiador para captar el calor y una rueda horizontal a manera de generador eólico de los conocidos molinos de viento.

El propósito del proyecto era recargar baterías eléctricas durante 8 hr al día.

Al morir Coronel Cabanyes, se olvidó su proyecto, hasta que unos estudiantes alemanes encontraron una copia en una biblioteca de España. El "West Germany Ministry of Research & Technology" encargó la construcción a la firma alemana "Tack and Partners".

La chimenea solar **se construyó en Manzanares**, provincia de Castilla la Vieja, **España, en 1980:**

- tenía 195 m de altura y 10 m de diámetro.
- La cubierta plástica era de 240 m de diámetro.
- Operaba 9 h al día con sol y
- generaba 36 kW en promedio con picos de 50 kW.
- Funcionó de 1982 al 89.
- Acumuló 15,000 h trabajando, hasta que un fuerte viento la derrumbó después de que un cable tensor fue arrancado del piso.

Figura 87. Chimenea Solar de Manzanares Castilla la Vieja, España (72)

Bajo la cubierta plástica,

- el *suelo absorbía parte del calor* **y lo desprendía durante la noche**,
  → así se generaba energía las 24 h del día.
- La **eficiencia, η , era de 5 %** respecto a la radiación captada.
- El ambiente bajo la cubierta aumentaba **la temperatura** del aire gradualmente **hasta 50 °C**.
- La **velocidad del ai**re antes de la chimenea llegaba 75 km/h y en la chimenea **alcazaba 150 km/h** haciendo **girar la turbina a 36 km/h**.
- Bajo la cubierta de **4.4 Ha** se **podía cultivar** flores o cereales como en un invernadero **en el 75 % del terreno**.

Estos antecedentes han inspirado proyectos de instalaciones de chimeneas solares modernas, mucho más grandes en Australia, EE.UU., Israel, China, América del Sur.

B) TORRES SOLARES

➢ **La siguiente tecnología de plantas termo solares,** en España, <u>funde sal para generar vapor</u>.

- En la parte superior de la torre hay con un recipiente receptor de los rayos solares reflejados por cientos de heliostatos
- para fundir la sal a 150 m de altura.
- La sal *fundida a **650 °C** se guarda en termos al pie de la torre*.
- **Esta sal genera vapor en un intercambiador** y

→ ***así se produce electricidad en la noche***.

Este sistema tiene *<u>varios inconvenientes</u>, todos costosos*:

- ✶ gran inversión inicial,
- ✶ tiempo largo de instalación,
- ✶ tiempo prolongado de ajustes antes de iniciar la operación,
- ✶ manejo complejo de fluidos a temperatura elevada,
- ✶ desgaste de equipo,
- ✶ programación compleja de los heliostatos, cada uno, con un programa diferente para que todos enfoquen el mismo punto de la torre.

Figura 88. Torre Solar Sanlúcar de Abengoa, cercana a Sevilla, España (73)
20 MWh, 150 m de alto. 1255 helióstatos, la primera planta de este tipo

Igual que en las termo eléctricas que usan combustibles fósiles al generar vapor para accionar las turbinas, (tecnología inventada en 1884 por Sir. Charles Algernon Parsons):

- ✶ **el calor latente de evaporación del agua consume 539 cal/gr,** 5 veces más que para calentar de 0 a 100 °C: esa es la primera pérdida de calor antes de llegar al generador.
- ✶ En cada cambio de estado físico de los fluidos, hay pérdidas. Es el caso de la sal, por el calor latente de fusión, durante el recorrido de las tuberías: hay pérdidas por conducción.
- ✶ En los termos de almacenamiento: hay pérdidas por el tiempo de residencia.
- ✶ Hay pérdidas por transferencia: en el intercambiador de la caldera, en la generación de vapor y en el generador.
- ✶ Sucede algo similar en los calentadores cilíndricos parabólicos con el sistema de aceite-agua-vapor-turbina.

Pero, para compensar esas pérdidas, se aumentó la cantidad de helióstatos y hacer rentable el sistema.

Sin embargo, **tiene <u>una gran ventaja a favor</u>**:

- **recicla el agua caliente del vapor condensado al sistema,** a *diferencia de las termoeléctricas y nucleoeléctricas*, que desperdician agua y calor en las torres de enfriamiento, en las descargas a ríos, lagunas o al mar, calentando finalmente al ambiente como ya se indicó previamente.
- Una planta termo-solar **de 50 MW,**
  - ✓ **se puede** instalar en 2 años**,**
  - ✓ **generando** empleo **para** 2,000 **personas** durante la construcción**,**
  - ✓ **y** 50 **empleos** fijos **en la operación.**
  - ✓ **Además, se origina** desarrollo económico y social en la región.

A diferencia con las termo-eléctricas y nucleoeléctricas que:

- ✶ tardan de *5 a 10 años antes de producir* electricidad,
- ✶ *abaten los mantos freáticos* de los cultivos de la región y
- ✶ *desprenden CO_2 durante 60 años*
- ✶ *generan desechos radiactivos que perduran miles de años.*

EJEMPLOS:

⊙ La **<u>Torre Solar de Ashalim</u>**:

- se elevará 250 m en *el desierto de Neguev* con una caldera que
- recibirá el reflejo de **50,600 espejos** y
- generará **vapor a 600 °C**.
- La capacidad instalada es de **121 MWh de**
- **energía eléctrica suficiente para 130,000 hogares,**
- **combinando energía solar térmica, fotovoltaica y gas natural**.
- Iniciará operaciones en **2020.**

Figura 89. Torre Solar de Ashalim, en el Desierto de Neguev. (74)

Algunos sistemas de concentración solar con heliostatos:

- ⊙ *evaporan directamente agua en la caldera de torre solar,*
- ⊙ *evitando las pérdidas de fundir sal o calentar aceite*
  - → para generar el vapor en el piso.

Además, *incrementaron considerablemente la superficie reflejante.*

> ***PARA EL 2030,*** *LA* ***CONTRIBUCIÓN TERMO-SOLAR*** *A LA GENERACIÓN ELÉCTRICA DE LAS RENOVABLES, PODRÍA SER DE* ***84 %,*** *A UN* ***COSTO INFERIOR*** *A* ***5 C€/ KWh (0.056 USD/*** *KWh)*
>
> *Protermosolar 2018*

❖ **La Torre Solar Ivanpah**, en el desierto de Mojave, California:

- es la primera de tres del Complejo "Power Facility".
- Las 3,500 Ha harán del complejo la mayor planta de energía solar térmica del mundo.
- En esta etapa, el reflejo de **100,000 heliostatos** concentrado en
- una caldera a **459 m de altura** producirá vapor suficiente
- **para generar 392 MWh**:
- energía que **alimentará 140,000 hogares** y
- **evitará 400,000 ton de CO_2 /año**.
- **El costo de producción será de $ 0.18/ kWh.**

Figura 90. Torre Solar Ivanpah, en el Desierto de Mojave, California (75)

Figura 91. Vista Aérea: Torre Solar Ivanpah, en el Desierto de Mojave, California, EE.UU. (75)

Otra torre termo solar en **Gansu, China**:

- ya genera 1,8 GWh / día superando el valor de diseño
- con 12,000 helióstatos,
- generará 390 GWh y
- evitará 350 mil toneladas de CO_2 **al generar energía 24 h/día mediante sal fundida (24 h TES).**

Figura 92. Torre Termo Solar en Gansu, China (76)

En Dubái se instalará:

una torre solar de 260 m de altura.
El constructor indica que la planta tendrá una potencia de **100 MW** a finales de **2020**.

3. CONCENTRADORES SOLARES PARABÓLICOS.

A) EL MOTOR STIRLING

Entre **1816 y 1827,** *antes que se inventara la máquina de vapor*, el clérigo escocés, **James Stirling** inventó un **motor impulsa un émbolo con aire caliente** que, *al enfriarse, lo mueve en sentido contrario*. Se encuentra en la Galeria Energise como parte de la colección de tecnología de la Universidad de Edimburgh , donado en 1825.

Figura 93. Segundo Motor de Robert Stirling, donado a la Universidad de Glasgow 1827 (77)

A través del tiempo se ha mejorado el diseño hasta lograr eficiencias del *50 y 60 % superiores al motor diésel*. Funciona con cualquier fuente de calor, leña, basura, gas, sol. Se ha utilizado para bombear agua, en submarinos y en el espacio por la NASA.

B) CON MOTOR STIRLING Y ESPEJO EN FORMA DE ELIPSE

A **principios del siglo XX**, se fabricó en **Almería, España,** un *disco parabólico con un motor Stirling en el foco con* un diámetro de 8.5 m: generaba 9 kWh.

Figura 94. Disco Parabólico con un Motor Stirling en el Foco, Almería, España (78)

El *perímetro de los espejos* parabólicos es una **elipse**.
El motor Stirling genera directamente ***electricidad por movimiento de un pistón impulsado por el gas caliente***.

"Inexplicablemente" esta tecnología ***no se difundió*** *y durante casi un siglo:* estuvo **protegido por patentes sucesivas,** pero *no se comercializó*. Entre los años 80 y 90, se le nombró "Distal I y II", "Eurodish" entre otras compañías, SunPower, Sun Machine, Stirling Energy System, Infinia, etc. Todas estas compañías mostraban, en sus publicaciones, campos de parábolas solares con motores Stirling instaladas en países remotos y *desaparecieron.*

C) CON SEGUIMIENTO AUTOMATIZADO DEL SOL

Este tipo de espejos fueron los primeros con *seguimiento automático del sol* y se *operaban a distancia.*

En Hukut, Senegal, (¿2006-2007?)

- **lat. N= 13 ° 7,**
- **FSA-TROPICO** construyó **el primer y único campo instalado en el mundo de Concentradores Solares con seguimiento automático del sol de 1,000 W.**
- Este sistema no consumía agua y
- el costo sería de 0.06 Euros / kWh
- (0,067 USd / kWh) con η = 30- 35 %.

¡Y DESAPARECIÓ!

Esta fotografía (fig. 95) de 2006 coincide en todos los detalles, excepto las nubes del cielo y sus reflejos, con una publicación de LACYQS como proyectos de "STIRLING Energy Systems. Inc."

Figura 95. HUKUT, Senegal. Concentradores Solares con Seguimiento Automático del Sol (79)

EN ESE TIEMPO, SE DENOMINABAN ***PARÁBOLA SOLAR****, CON EL TIEMPO, CAMBIÓ* ***A STIRLING DISH.***

D) SOLAR STIRLING DISH

El 7 de marzo 2007, la compañía **Stirling Energy Systems**, Inc. difundió unas imágenes de un campo del "SISTEMA DE CONCENTRACIÓN SOLAR DISH STIRLING" en las instalaciones ***del Laboratorio Nacional Sandia, localizado dentro de la base de la fuerza aérea de Kirtland en Alburquerque Nuevo México.***

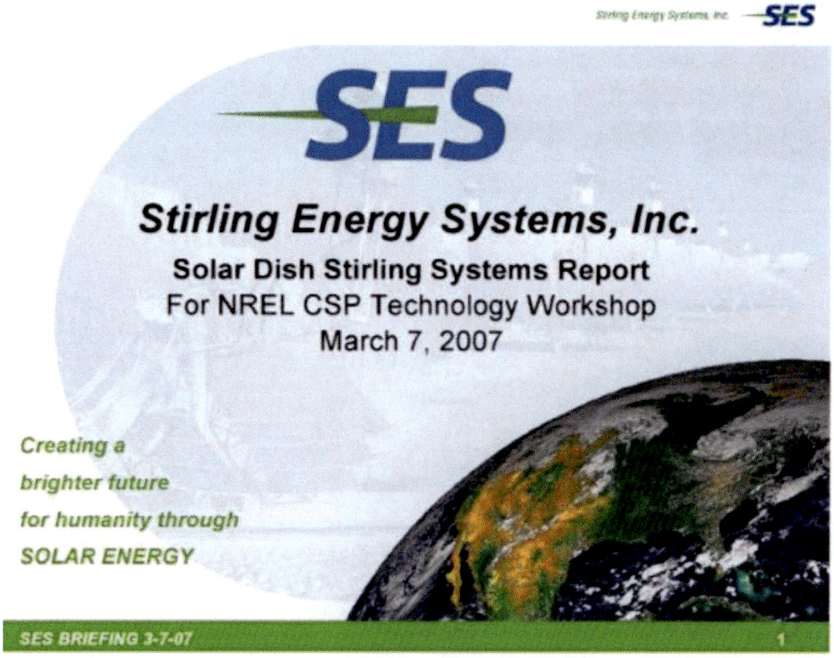

Figura 96. Portada de la Presentación de Stirling Energy Systems (80)

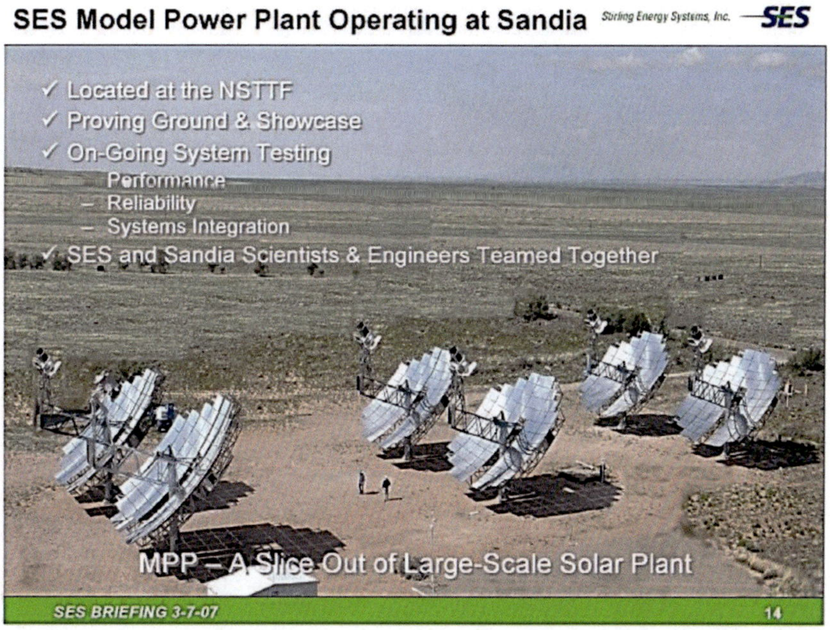

Figura 97. Campo Experimental Sandia en la Base Aérea Kirtland, Alburquerque Nuevo México (80)

El desarrollo tecnológico alcanzado por los investigadores de "Sandia y SES" , *un siglo después del disco parabólico de Almería,* permitía esperar realmente un futuro brillante para la humanidad al difundirlo, tal como decía el lema de SES (ver Fig 93). Sin embargo *dicha tecnología se archivó,* por considerarse un asunto estratégico para el gobierno de EE.UU.: ver pag. 21.

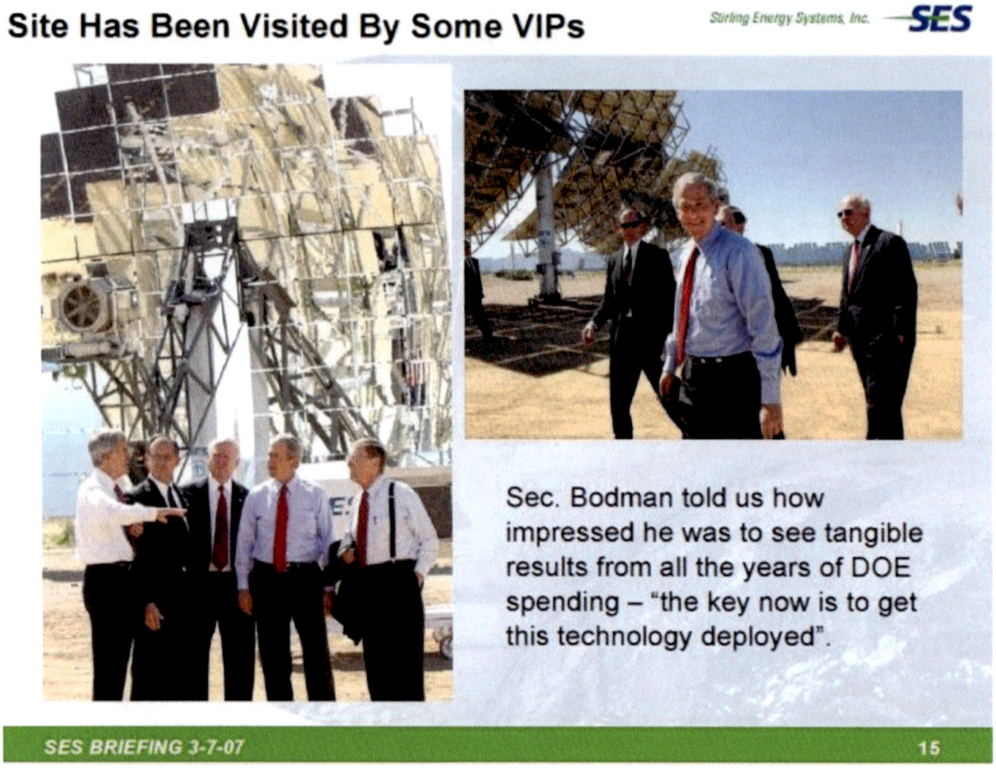

Figura 98 Pág. 15 de la Publicidad de Stirling Energy Systems, SES (80)

E) *STIRLING DISH ACTUAL*

Sin embargo, **la variante más reciente de este sistema** es el **Stirling-Dish** y **se fabrica ya en China**:

Figura 99. Modelo Stirling Dish (81)

- Según la latitud pueden alcanzar hasta **28 a 35 % de eficiencia,** *comparable con algunas carboeléctricas,* casi **el doble del FV.**

- El concentrador parabólico posee un *sistema* que *rastrea la posición del so*l en función de las coordenadas del sitio en tiempo real.
- Genera **electricidad con energía solar** desde el *amanecer hasta el anochecer.*
- **Durante la noche o días nublados** *genera energía con gas y TES.*

- La generación inicia *desde que se instala el primer módulo.*
- El *mantenimiento* de un módulo *no afecta* la generación del conjunto.
- *Se pueden instalar* en sitios desérticos, aislados, a desnivel o pedregosos que no compiten con cultivos.
- El *área* cubierta por una instalación de 20 MW es un tercio de la necesaria para la misma potencia instalada con fotoceldas

- Tiene la posibilidad de trabajar en forma *independiente* o *interconectada* a la red.
- Es una tecnología de *equipos modulares* que puede satisfacer demandas desde 25 kWh hasta las necesidades de un edificio, empresa aislada o en red, una instalación de mediana y gran escala, para torres retransmisoras de comunicación.

- El *perímetro* de la parábola, en este caso, es un círculo.
- La relación de *concentración de los rayos solares* **aumenta casi 1500 veces.**

Figura 100. Motor Stirling (81)

- En el foco de la parábola, la *radiación se concentra* en el **receptor del motor Stirlin**g que la *transforma directamente en electricidad*, **sin necesidad de agua.**
  - **El rango de *potenci*a varía de 25 kW a 50 MW.**
  - El funcionamiento es *confiable, silencioso, de bajo mantenimiento y costo de operación.*

4. Otras Aplicaciones Termosolares

A) HORNO SOLAR DE ODEILLO, EN LOS PIRINEOS ORIENTALES. FRANCIA

Figura 101. Horno Solar en Odeillo, Font Romeu, Francia, 1967. Lat. N = 42 °5' (82)

Figura 102. Vista del Campo de 63 Helióstatos de 9 m2 y el Espejo Parabólico de 54 por 48 m (82)

En esa latitud, los **rayos del sol** vienen siempre **de Sur a Norte**: la parábola, *orientada al norte,* recibe el reflejo de los heliostatos desde la colina vecina durante **3,000 horas al año** y *refleja a su vez sobre* **el foco de la parábola a 46 m de distancia**. El foco ocupa un **volumen de 60 lt** en forma de huevo cuyo **diámetro menor** es de **40 cm**. En el foco, se alcanza la temperatura de **3600 °C.**
La relación de concentración es de 10,000 soles……. y se genera **una potencia de 1000 kW**.

La institución depende del **Centre National de Recherche Solaire, (CNRS)**.
Las investigaciones iniciales fueron sobre aleaciones de metales y generación de electricidad, más tarde **investigación** de ligas cerámicas resistentes a muy elevadas temperaturas **para la NASA**.

B) PARÁBOLAS SOLARES

El **primer espejo reflector de rayos solares** registrado fue el de **Arquímedes**, con ese principio ha habido muchas aplicaciones. Entre ellas, desde **1986**, el físico austriaco **Wolfgang Scheffler** diseñó y fabricó una serie de parábolas: desde **2 hasta 50 m²**, *principalmente para cocinar en comunidades rurales* de la India, África, América Latina y Afganistán.

Figura 103. Centro Religioso en Abu-Road India, 105 Parábolas. Lat. N 22° (83)

En el centro religioso de **Abu Road,** se ***cocina con el vapor generado por las parábolas***: 3,500 kg de vapor a 12 Bar, pudiendo comer hasta 4,000 peregrinos al día.

Figura 104. Parábola Scheffler de 10 m2 en Puebla México, Lat. N 19° (84) con Capacidad para Cocinar para 100 Personas/día.

Estas parábolas se han utilizado también para:

- *esterilizar ropa de quirófanos en autoclaves,*
- *RPBI de laboratorios en hornos solares.*
- También para secar cuerpos con los rayos del sol en una comunidad de Zoroastro en la India.

Próximamente un modelo similar será utilizado para generar electricidad a nivel industrial.

IV. GRANDES OPORTUNIDADES PARA LAS ENERGÍAS SOLARES

1. LOS SISTEMAS SOLARES DE GENERACIÓN DE ELECTRICIDAD

Proceso Solar	Eficiencia %	Requisito del terreno	Mantenimiento	Área necesaria	Almacen a energía	Cogeneración	Costo USD/kWh
Stirling Dish	28 -33	Plano o pendiente de 30°	Fácil	Mínima	24h - TES	Sí	Hukut: 0.067 China : 0.051
Torre Solar	18 - 22	Terreno plano	Difícil	Grande	24 h – TES China	Si	Ivan Pah: 018
Cilíndrico parabólico (CSP)	16 - 20	Terreno Plano	Complicado	Mas grande	7 – 11 h TES	Si	---
Foto Celdas	15 - 18	Plano o Pendiente moderada	Fácil	Muy grande	No	No	China : 0.047

- Datos de Stirling Dish y Fotoceldas: Oriental Great Ocean New Energy.
- Datos de Torre Solar: PAH Ivan.
- Datos de Cilíndrico Parabólico: Protermosolar 2018, ABENGOA.

Figura 105. Cuadro Comparativo de Sistemas Solares de Generación de Electricidad

Los procesos de generación de energía eléctrica basados en el uso de la radiación solar se desarrollaron por épocas, durante las crisis del petróleo.

Los costos elevados y la baja eficiencia de estos procesos comparados con los métodos tradicionales de generación a partir de combustibles fósiles los situaron en desventaja.

Sin embargo, los adelantos tecnológicos realizados en los últimos 20 años han consolidado a las energías alternas, incluyendo la eólica, como procesos competitivos en costos y eficiencias próximas a las carboeléctricas.

2. Oportunidades de Generación de Energía Eléctrica, FV y Termo Solar

A) EN LOS DESIERTOS DEL MUNDO

En la tabla siguiente, se muestran los ***potenciales de generación de energía eléctrica por año en función de la extensión de irradiación solar*** de las zonas desérticas del continente americano y australiano

b) PV system feasibility in world deserts

Desert Name (a1)	Area $10^4 km^2$ (a2)	Annual Ave. Irradiation (b)	Annual R. Yield h (c)	...le PV Array ...city [TW](d)	Annual Electricity Generation 10^3 [TWh] (d), (e
North America					
Great Basin	49	20.32	2,060.22	41.65	60.07
Chihuahuan	45	19.68	1,995.33	38.25	53.43
Sonoran	76 31	17.21	1,744.90	26.35	85.61 32.18
Mojave	7	21.16	2,145.39	5.95	8.94
Subtotal	132			112.2	154.61
South America					
Patagonian	67	12.81	1,298.79	56.95	51.78
Atacama	14	22.08	2,238.67	11.9	18.65
Subtotal	81			68.85	70.42
Australia					
Great Victoria	65	21.57	2,186.96	55.25	84.58
Great Sandy	40	23.11	2,343.10	34	55.77
Simpson	15	21.57	2,186.96	12.75	19.52
Subtotal	120			102	159.86
Asia					

Fuente: Global Energy Network Institute (GENI) 2006

Figura 106. Posibilidades de la Utilización del Sistema FV en los Desiertos del Mundo, 2006 (85)

El cuadro anterior muestra la capacidad de generación de 10^3 TWh/día en una superficie de 10^4 km^2 en las zonas desérticas del mundo, con la gran ventaja que la localización de plantas solares generadoras en estas zonas,

- además de lograr **mayor eficiencia** que en sitios templados,
- no **compiten con terrenos de cultivo**,
- no **requieren de agua** de proceso.
- Se pueden **instalar** centros de desarrollo **fuera de las grandes urbes.**

La radiación solar llega directamente para su uso en el generador más de 330 días al año, sin necesidad de:

- extraer,
- destilar,
- envasar o
- transportar, como sucede con los combustibles fósiles.

La tecnología solar FV se consideró como base del cálculo por ser la más conocida en el tiempo del estudio del GENI.

Sin embargo, las tecnologías termo solares tienen mayor eficiencia: el Stirling Dish con h-TES rivaliza en eficiencia y costo con las carboeléctricas.

B) EN MÉXICO

México dispone del mayor potencial de América para generar energía eléctrica ***sin recurrir a combustibles fósiles,*** **al igual que Estados Unidos y otros países.**

Con la radiación solar que reciben los **760,000 km²** en los desiertos de Sonora y Chihuahua se puede producir **85,600 TWh / año.**

La energía eléctrica que consume México actualmente por año se puede producir en 2,800 km² con foto celdas o 1,400 km² con la tecnología "Stirling Dish".

La planta solar se puede dividir en espacios menores, próximos a los centros de consumo; así se crearían centros de desarrollo y empleos en las localidades.

La gráfica de la fig. 46 muestra la **tendencia del consumo mundial de energía eléctrica y** se **estimó los posibles incrementos de consumos** debidos al cambio de tecnologías que *sustituirán progresivamente los combustibles fósiles por electricidad.*

Veamos que superficie de los desiertos de Sonora y Chihuahua serían necesarios para generar el consumo mundial de energía eléctrica con los cambios futuros:

Tendencia actual de consumo mundial		Tendencia mundial estimada, con todo eléctrico		
Año	TWh / año	TWh / año	Km² con Fv	Km² con Stirling Dish
2020	24,000	24,000	213,084	106,542
2030	31,500	34,650	301,869	150,935
2040	37,500	45,000	372,897	186,449
2050	43,500	56,500	452,804	226,400

Figura 107. Superficies Requeridas para Satisfacer la Demanda Mundial Mediante Energía Solar

LA GENERACIÓN DE ESA ENERGÍA ELÉCTRICA SE PUEDE HACER EN DIFERENTES ZONAS DEL CINTURÓN SOLAR EN EL MUNDO.

C. CRECIMIENTO RECIENTE DE LAS ENERGÍAS ALTERNAS

El Instituto alemán, **Fraunhofer para Sistemas de Energía Solar (ISE)**, a fines del 2018, mostró en la siguiente gráfica **el incremento** *de la capacidad ins*talada de las tecnologías **alternas en los últimos 10 años.**

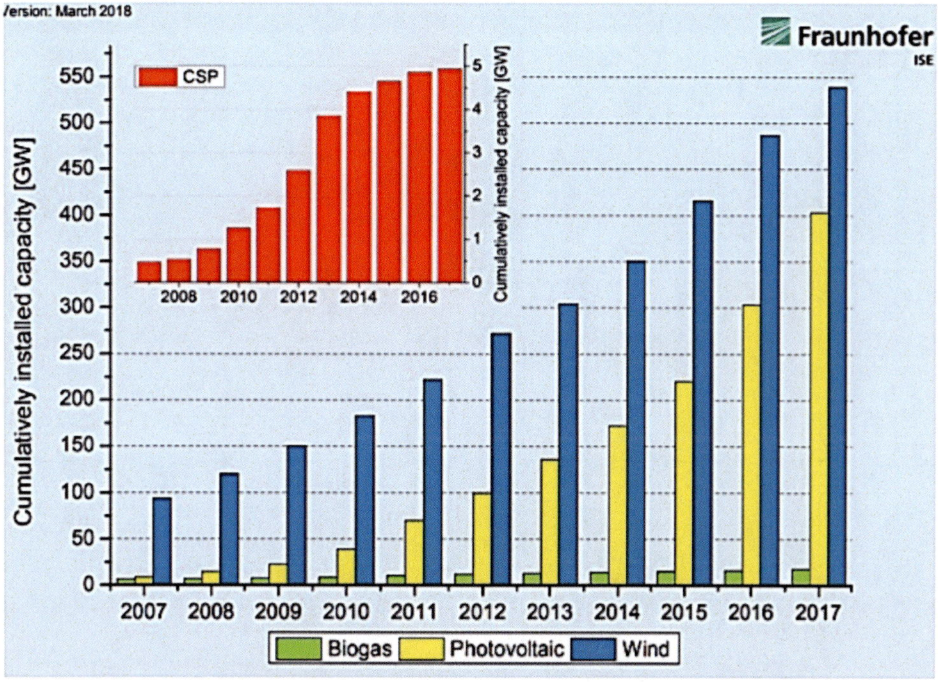

Figura 108. Capacidad Instalada de las Tecnologías Alternas (86)

La generación con energías alternas solo representó el **10.4 %** *del consumo mundial* **en 2017.**

Sin embargo, el resumen de las nuevas instalaciones generadoras de energía eléctrica del planeta en 2018, realizado por la ONU, muestra una tendencia muy alentadora:

- ***87 GW de energía fósiles****: 35 Carbón, 38 Gas, 3 Petróleo, 11 Nuclear*
- ***157 GW de energías alternas****: 98 solar y 59 eólica=80 % más.*

Erik Solheim, Director Ejecutivo Ambiental de la ONU ,2018

Más alentadoras aún, son las perspectivas de los **procesos termo solares de torre y Stirling Dish** que tienen mayor eficiencia, productividad y menor costo del kWh producido con la tecnología de almacenamiento de energía para generar electricidad en ausencia del sol.

La gráfica siguiente muestra, además, **la tendencia descendente del precio del kWh de las energías alternas,** contrario a las tendencias de *los combustibles fósiles*, que van *al alza por los costos* de las actividades de extracción, preparación y transporte, antes que se utilicen como combustibles en las termo eléctricas.

Como ejemplo, presentamos un caso particular **en México:**

> *"CFE paga 200% más por carbón importado de Australia para la carboeléctrica de Petacalco en Guerrero y otras cuatro.*
>
> *Alfredo Elías Ayub, exdirector de CFE, firmó un contrato a 30 años por 43,200 millones de USD."*

Periódico la Jornada de México

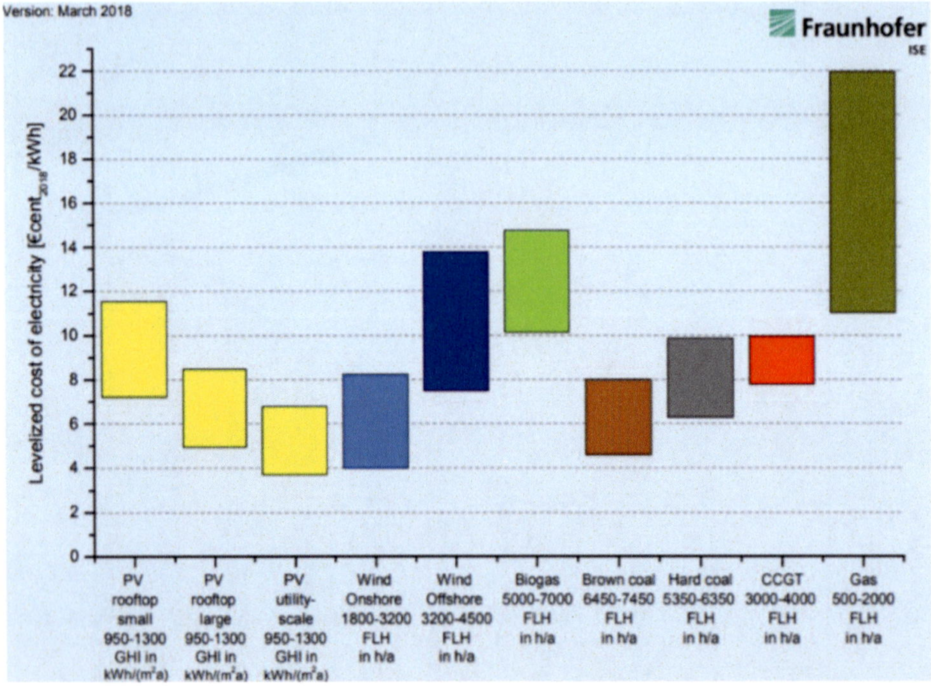

Figura 109. Comparación de los Costos del kWh Generado por las Energías Alternas y Energías Fósiles (87)

De continuar estas tendencias, es muy probable que **el costo de las energías eólica, eólica marina y solar sean inferiores al costo de la electricidad** generada mediante combustibles fósiles y pueden bajar más al haber crecientes proyectos de energías renovables.

El periódico de la Energía 08/08/2018. España.

Además del potencial de crecimiento, *suministran electricidad confiable, limpia y sostenible:* sobre todo la termo-solar con sus tres variantes, por la posibilidad de acumular calor para generar electricidad en ausencia de radiación solar.

Al popularizarse estos proyectos de gran escala, también disminuirán los costos de fabricación y, por ende, el costo del kWh.

Será entonces *la gran oportunidad para los países de hacer* EL CAMBIO DE LA ECONOMÍA DE LOS COMBUSTIBLES FÓSILES A LA ECONOMÍA DE LAS ENERGÍAS ALTERNAS y *así, paralelamente, frenar el calentamiento global.*

Afortunadamente, Alemania ya decidió el 6 de enero 2019:

- *cerrar progresivamente 9 de 17 núcleo eléctricas (2011-2018) y*
- **en 2022, cerraran los 8 restantes.**
- *Con un programa similar, las carboeléctricas desaparecerán en 2038.*

Figura 110. Carboeléctricas Joenschwaldeen, Brandenburg Alemania (88)

El mes de junio 2019,

- **seis meses después de la decisión de cambiar a energías alternas,** y
- **dejar los combustibles fósiles,**

el pueblo alemán generó:

el 52% de su consumo eléctrico mediante energías limpias.

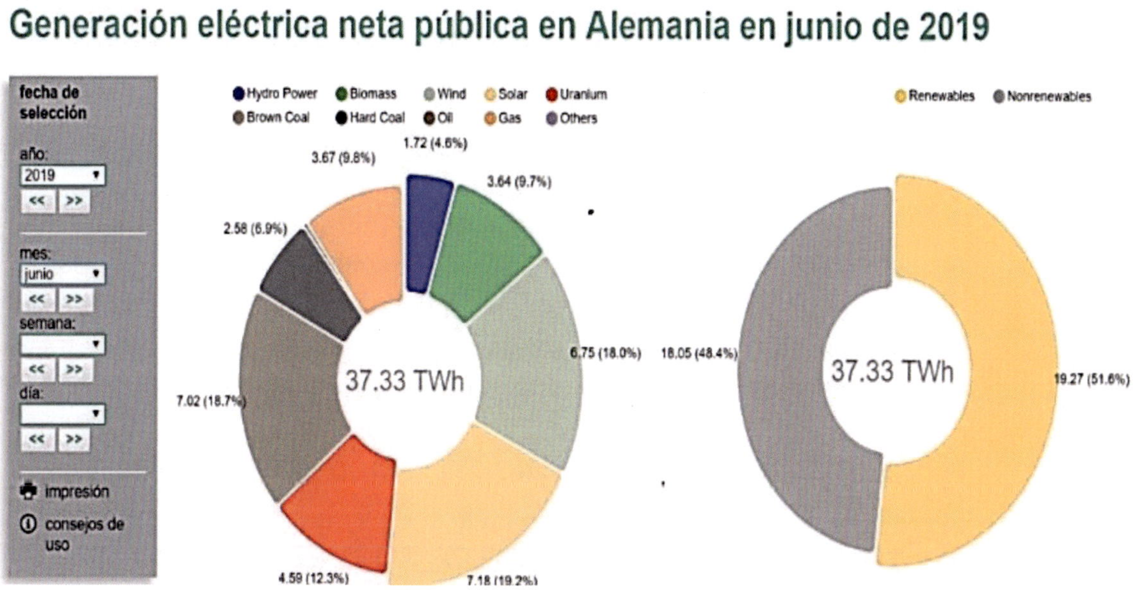

Figura 111. Resultados de la Transformación de la Generación Eléctrica en Alemania, junio 2019 (89)

En seis meses,

- la energía **eólica se incrementó 19% y**
- **la solar en 5%:**

fue la mayor contribución de energías alternas al suministro de junio 2019,

➢ **el 51.6% del total**.

Entre granjas y particulares, la energía solar es foto-voltaica.

¡¡¡TIENEN SOLAMENTE DE 6 A 7 MESES DE IRRADIACIÓN SOLAR AL AÑO!!!

Y ESTÁN A LA LATITUD DE LA PENÍNSULA DE LABRADOR DE CANADÁ...

Figura 112. Aprovechamiento de los Techos en Alemania Schlierberg (55)

producciendo 4 veces la energía que consumen

La población espera que, en 2030, Alemania sea 100 % verde, como acciones de la Energiewende, convirtiéndose en el país líder en combate al calentamiento global y marcando el camino a seguir:

- Generarán **el 80 % de electricidad con energías renovables.**
- **Cambiarían 60,000 empleos** de carbón a energías renovables.

¿EL SECRETO?

- ***UN MARCO LEGISLATIVO DE CAMBIO ACELERADO A ENERGÍAS ALTERNAS REALIZADO EN SEIS MESES.***
- ***Y POLÍTICAS DE INCENTIVOS PARA LA INSTALACIÓN DE ENERGÍA SOLAR.***

"Wenn's man will, dann kann man es…

auch, wenn es schwierig ist"

"Cuando se quiere se puede…aunque sea difícil"

Lema de la Energiewende.

La Energía Solar es el recurso de energía más abundante, distribuida y disponible en todo el planeta. (Fig. 68)

Las centrales que usan tecnologías solares tienen la capacidad para cubrir un porcentaje significativo de la demanda mundial futura de electricidad antes del 2030, particularmente *en los países localizados en el cinturón solar de la tierra.*

La transmisión de electricidad desde **sitios de alta insolación (hasta 2.750 kWh/m²),** en los **países mediterráneos meridionale**s como:

- Argelia
- Libia,
- Egipto,
- Marruecos y
- Túnez

puede ofrecer oportunidades para que las compañías eléctricas europeas financien allí *centrales solares para el consumo de Europa.*

Las mismas oportunidades existen en

- los países que están en el **cinturón solar del hemisferio sur:**
    - Chile,
    - Perú,
    - Bolivia,
    - Argentina,
    - África del sur,
    - Australia,
    - Indonesia.
- **Medio Oriente, Asia, sur de los EE.UU. y norte de México**,

Sabemos que, en el **norte de México y el sur oeste de los EE.UU. y, *está la zona de mayor radiación solar de América del Norte:***

- *el desierto de Sonora y Chihuahua*
  donde se localizan las tres más grandes plantas fotovoltaicas:
    - ***Ascensión, Chihuahua***, potencia: 80 MW, produciendo 183.8 GWh,
    - ***Puerto Libertad, Sonora***, en 10 km² con más de un millón de paneles FV, potencia: 404.5 MW para 583.000 hogares,
    - ***Villanueva 3, Viesca, Coahuila,*** 1.7 GWh para 1.3 millones de familias.
- *los desiertos de Mojave* en California y
- *Nevada* en Arizona,
  donde se han instalado las **centrales:**
    - **Solar One, Mojave** en 1975, potencia de 350 MW,
    - **Solargenix**, en 2007, con 136 GWh, suministra a 40,000 hogares, e
    - **Ivanpah**, con tres torres solares, 392 MWh alimentara 140,000 hogares

Ivanpah, que será la termo-solar más grande de América....
en la zona verde de la carta de vientos.

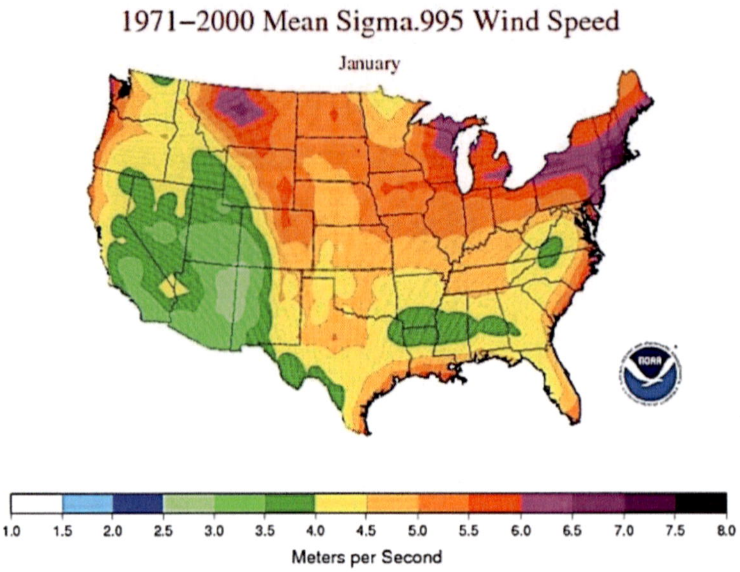

Figura 113. Mapa de los Vientos en los EE.UU. (90)

En esta carta vemos que:
más **del 70 % del territorio de los EE.UU.** es *susceptible, además, de utilizar la energía eólica.*

¡Con tal abundancia de energías solar y eólica, no necesitan de los combustibles fósiles!

Del 2005 al 2015 EE.UU.:

- canceló: **151 proyectos de carbo eléctricas** que hubieran representado un incremento de 59 %
- **cesó la operación de 114 más** que eran el **44,7 %** de la generación eléctrica.
- El resto, 141, **el 55.3 %,** continuarán funcionando**.**
- *Las termo-eléctricas fueron reemplazadas con energías alternas.*

Las inversiones del sector eléctrico de los EE.UU. en 2015 alcanzaron

- **38.2 % como energía eólica,**
- **32.8 % de energía solar,**
- **2.3 % en biomasa,**
- el resto fue gas natural

La ciudadanía desea:

- cambiar a las energías **alternas y**
- **contribuir a detener el calentamiento global**.

Conclusión:

ACCIONES POLÍTICAS, TÉCNICAS, Y ECONÓMICAS PARA CONTRARRESTAR EL CALENTAMIENTO GLOBAL

Algunos países tienen esquemas de energía eléctrica similares a la figura siguiente, esperando que "*sean otros*" los que corrijan el calentamiento global. El argumento más común es: *"el riesgo económico para el país" o.... para ciertos grupos de poder?*

I. PROSPECTIVA DE CFE PARA MÉXICO

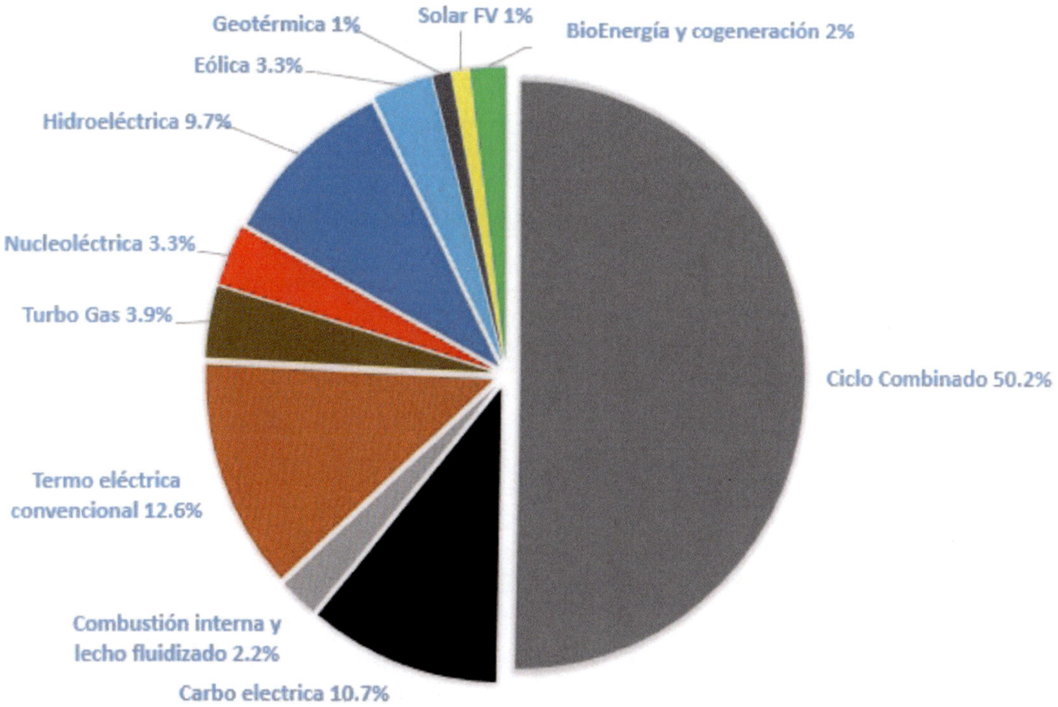

Figura 114. Generación Bruta de Electricidad por Tipo de Tecnología México 2016 (91)

Elaborado por SENER 2017.

Como podemos ver en la gráfica anterior, la **prospectiva del sector eléctrico de México 2017-2031, con 16 % de energías limpias** actualmente, es alcanzar **47 % para 2031** a fin de cumplir las *metas comprometidas* en **2000 con el Protocolo de Kioto como país no alineado.**

México, al igual que muchos países**, va lento en la transición energética hacia las energías renovables, por tener una economía basada en el petróleo, *pretextando que el costo sería muy elevado.***

Después de 40 años de estancamiento, de las cumbres del calentamiento global y de planes no realizados, l**as acciones deben llevarse a término en esta década**, de otra forma ya no habrá razón para preocuparnos. ***¡¡¡Ya estamos 40 años tarde!!!***

Las metas deben basarse en las capacidades de *energía solar y eólica instaladas* y al mismo tiempo*, carboeléctricas y nucleoeléctricas cerradas*, de manera que, a nivel mundial, en **2030**, cuando menos el **80%** se genere con *energías limpias.*

II. ASPECTOS LEGALES

LA PRIMERA ACCIÓN ES:

- TENER UN ***MARCO LEGISLATIVO DE CAMBIO ACELERADO A ENERGÍAS ALTERNAS*** A REALIZAR EN SEIS MESES, similar al de Alemania,
- Y ***POLÍTICAS DE INCENTIVOS*** PARA LA INSTALACIÓN DE ENERGÍAS EÓLICA Y SOLAR.

LA SEGUNDA ACCIÓN:

Considerar a los **GEI** como lo que son: ***DESECHOS PELIGROSOS.***

A continuación, *citaremos un extracto* de la **norma de control de los desechos peligrosos de México y las correspondientes leyes en los EE.UU.**

La *Norma Oficial Mexicana* ***(NOM)-052-SEMARNAT-2005***, que establece las características, procedimiento de identificación, clasificación y lista, define a un **residuo como peligroso** si presenta al **menos una** de las siguientes características:

- corrosividad SO_2,
- reactividad CFC, C,
- explosividad CH_4,
- toxicidad ambiental NO_x,
- inflamabilidad CH_4,
- biológico infecciosa.

Además, *el Régimen de Responsabilidad Civil* en **la Ley 24.051** (7 de diciembre 1991, Congreso de la Nación):

- sujeta a sus disposiciones la manipulación, generación, transporte, tratamiento y disposición de residuos peligrosos y
- asigna en el artículo 22[11], al generador de residuos peligrosos, *responsabilidad,* en calidad de dueño de los mismos, *de todo daño producido por estos.*

En EE.UU., citamos:

*"Hazardous wastes are regulated under the **Resource Conservation and Recovery Act (RCRA).***

- *Hazardous wastes are wastes with properties that make them dangerous or potentially harmful to human health or the environment.*
- *Hazardous wastes can be liquids, solids, contained gases, or sludge. They can be by-products of manufacturing processes or simply discarded commercial products*
- *RCRA hazardous wastes are wastes that appear on one of the four hazardous wastes lists (F-list, K-list, P-list, or U-list), or exhibit **at least one of the following four characteristics**;*
  - ✓ *ignitability* $CH4$,
  - ✓ *corrosivity* $SO2$,
  - ✓ *reactivity* CO_2, *CFC, or*
  - ✓ *toxicity* NO_x.

*The **Comprehensive Environmental Response, Compensation, and Liability Act (CERCLA)**, was enacted in **1980.***

The primary contribution of CERCLA was

- *to create a "Superfund" and*
- *provide for the clean-up*
- *and remediation of closed and abandoned hazardous waste sites.*

***CERCLA** addresses historic releases of hazardous materials, but does not specifically manage hazardous wastes.*

*The requirements of the **RCRA** apply to all the companies that generate hazardous waste as well as those companies that store or dispose hazardous waste in the United States. **Some hazardous waste generators are larger companies** such as:*

- *chemical manufacturers,*
- *electroplating companies,*
- *and **oil refineries**.......*

***EPA** (Environmental Protection Agency) developed strict requirements for all aspects of hazardous waste management including:*

- *the treatment,*
- *storage and*
- *disposal of hazardous waste.*

***In addition** to these **federal requirements, states** may develop:*

- *more stringent requirements*
  *that are **broader in scope than the federal regulations** "*

Estas normas fueron hechas para **residuos peligrosos en tierra y agua**, ***no dice que no aplica en la atmósfera.*** Seguramente se pensaba que la atmósfera absorbería toda esa contaminación sin que se notara o sin consecuencias.

Ambas normas hacen, al generador de los residuos, responsable de la remediación hasta la disposición final de los desechos. Es probable que el mercado de ***bonos de carbono*** se haya basado en este principio.

Es el momento de hacerlo efectivo; el costo de remediación podría equivaler al 20% del PIB mundial, según el informe de Sir Nicholas Stern.

Stern Review on the Economics of Climate Change, 2006

Es justo que quienes *lucraron causando el aumento anormal en el "Calentamiento Global"* **paguen la remediación**: individuos, empresas y gobiernos por las decisiones tomadas al respecto.

Con ese 20 % del PIB se podrá costear, además de la remediación en cada sitio, proyectos de energías limpias en los países que más resienten las consecuencias directas o indirectas y en los sitios más favorables a cada tecnología alterna generadora de energía eléctrica.

Es probable que, para lograr que se haga, debamos recurrir a cortes internacionales.

Todo lo anterior:

- **generará empleos**, y
- **progreso** al disponer de energía eléctrica económica,
- **disminuirá,** además, **la migración de pueblos pobres**.

Para lograr lo anterior, **deben adecuarse las leyes rápidamente,** tomando ejemplo de Alemania, como lo mencionamos previamente.

Después del acuerdo de París en 2015,

Alemania se está convirtiendo en el país líder **junto con 200 países** en la **lucha contra el calentamiento global**,

"buscando limitar el incremento de temperatura a 1.5 °C."

By ERIK KIRSCHBAUM JAN 26, 2019 LOS ÁNGELES TIME

III. LOS COSTOS OCULTOS:

RESUMEN Y EVALUACIÓN

En el estudio del instituto alemán," Fraunhofer para Sistemas de Energía Solar (ISE)" y muchos más, se comparan desde hace décadas los costos de la energía eléctrica con diversos procesos, calificando de *muy barata la energía generada con los **combustibles tradicionales**,* **sin agregar los costos de remediación causados por la contaminación** y sobre todo, en el caso del *combustible nuclear , los costos del almacenamiento y vigilancia, durante muchos milenios ,de los residuos radiactivos.*

Los costos ocultos que se han mencionado en los capítulos anteriores, **CAUSAS DEL CALENTAMIENTO GLOBAL** son:

- la ***contaminación por los Gases de Efecto Invernadero (GEI)***,
  - ✓ empezando con **el CO_2** de la combustión del carbón y
  - ✓ de los **derivados del petróleo, SO_2, NOx,** pasando por
  - ✓ los **CFC,**
  - ✓ los **combustibles de aviones a reacción,**
  - ✓ **cohetes espaciales**,
  - ✓ las **bombas atómicas** y el final**,**
- ***el fracking***, *más nocivo que los anteriores,* con su *baja productividad (10% de lo esperado*) debido a las fugas de metano a través del suelo agrietado alrededor de todos los pozos, en 48 estados de la Unión Americana, aumentó anualmente el metano en la atmósfera del año 2000 al 2017: subió de 0.5 a 50 ppb/año, 1000 % más (ver pág. 63).

  Estas emisiones de metano coinciden con el cambio de la tendencia de calentamiento global, 2008, (ver fig. 44).

- Además de todo eso, **la *carga térmica incuantificable de todos los combustibles***, los *explosivos* y todas *las termoeléctricas* cuya eficiencia varia de *35 a 45 %,* incluyendo las *núcleo eléctricas*, que enfrían los procesos calentando agua que descargan a ríos, lagunas, mares y a la atmósfera.

- Como si el calentamiento global no fuera evidente o suficientemente sustentado y comprobado por científicos de diferentes épocas y países, e**l 11 de septiembre 2018,** la administración de Trump reveló:

  > "**su plan de dar marcha atrás al plan de energías limpias de su antecesor**, Barack Obama, *permitiendo a*sí que las carboeléctricas d*esprendan más CO_2* y los pozos de fracking *no controlen las fugas de metano* durante la extracción, con el fin de *aumentar la producción de gas* y **evitar que quiebren las compañías** petroleras."
  >
  > The Washington Post reported.

Esta decisión**, puramente política, sin fundamento técnico o científico, permite el desprendimiento de 12 veces más metano** *de lo que ya era.*

La Tierra y la Humanidad entera, sufriremos las consecuencias de esta decisión.

A estos, se añaden **costos económicos** *ya notorios. El* ***7 de junio 2019,*** **Weatherford**, la cuarta empresa mundial de servicios petroleros, está en proceso de quiebra para restructurar su deuda de 5.8 millones de dólares tras cuatro años consecutivos de balances negativos del fracking: al igual que:

- **Halcon Resources Corp.** **Alta Mesa Resources Inc.**
- **Parker Drilling,** **Gastar Exploration**

y 167 empresas más de petróleo y gas mediante fracking, que se declararon en quiebra entre enero de 2015 y diciembre de 2018,

sumando una deuda de más de ***$ 95 mil millones en total.***

https://www.laizquierdadiario.mx/Desconcierto-en-el-mundo-del-fracking-tras-la-bancarrota-de-Weatherford

LA BOLSA DE NEW_YORK LAS BORRO DE LA LISTA DE EMPRESAS EN COTIZACIÓN.

El Instituto de Economía Energética y Análisis Financiero (IEEFA por sus siglas en inglés) viene alertando duramente sobre la **crisis financiera** del *fracking en Estados Unidos*, como *"una empresa especulativa con fundamentos débiles e inciertos" y* Wall Street tomo distancia con el sector.

Por otra parte, dentro de corto tiempo, **se verán las consecuencias del fracking en los territorios contaminados por la explotación del gas de shale o gas de esquito:**

- los primeros afectados, los *trabajadores* de los campos petroleros que *respiran metano y benceno*, junto con los reactivos químicos inyectados al pozo que escapan por las grietas de la tierra hasta la superficie.
- Y tal vez, con padecimientos más fuertes, *por habitar* en estos predios, los *lugareños y sus familiares*.

Entre los *padecimientos*, los primeros en presentarse son:

- mareos, jaquecas y perdidas del conocimiento por escape de benceno,
- irritaciones de las vías respiratorias, alergias en la piel y vómitos debido a los productos químicos;
- seguidos por:
  - problemas respiratorios y daños permanentes en los pulmones por silicosis causada por la arena fina y contaminada,
  - anemia,
  - daños en la médula ósea;
- finalmente, leucemia y cáncer.

Con el tiempo, en las comunidades vecinas aparecerá23

- malformaciones en los fetos,
- trastornos nerviosos,
- y autismo.

Un ex trabajador del" **fracking**" dijo:

"AL FIN Y AL CABO LOS COSTOS DE LAS MALAS DECISIONES POLÍTICAS SIEMPRE TOCAN LA PUERTA DE LOS MÁS HUMILDES".

ESTE ES OTRO MAS DE LOS COSTOS OCULTOS DE LOS GOBIERNOS.

IV. RECOMENDACIONES PARA LA TRANSICIÓN A ENERGÍAS LIMPIAS

La factibilidad económica de estos proyectos dependerá de:

- los mecanismos regulatorios del gobierno y
- del acceso a los instrumentos internacionales de mitigación del cambio climático.
- El aspecto técnico en cada región debe enfocarse a
- las energías naturales disponibles combinadas con
- las tecnologías alternas que tengan más potencial y probabilidades de éxito.

La situación de México en el cinturón solar le permite disponer de un recurso superior a los 85.6 x 10^3 TWh/año,

¡EL RECURSO SOLAR MÁS GRANDE DE AMÉRICA!

Entre Asia y África, no hay otro país que tenga la irradiación solar tan grande y potente que tiene México. ES REAL. No son campos petroleros inciertos a tres mil metros bajo el mar.

¡Ya son calor y luminosidad que nos brinda la naturaleza todos los días,

...sin que sea necesario invertir miles de millones de dólares para prospección, perforación, extracción y transporte; sin explosiones, además, o fugas que contribuyen a contaminar la atmósfera, mantos freáticos, ríos, suelos y mares.

Se pueden aprovechar directamente en procesos que tienen ya años de operación y son rentables. (El consumo mundial en 2017 fue de 66,824 TWh)

El potencial de viento en México puede **generar** cuando **menos 50,000 MW de potencia** eólica.

Fuente: AMDEE, análisis PwC 2012

¡Ya operan 170 MW de capacidad eólica!¡¡¡el 0.34%!!!

El viento puede generar conservadoramente, *de 90 a 109 TWh, aproximadamente 30 % de 319 TWh, el consumo del país en 2016.*

Dato más reciente de CFE 2017.

Se requiere una inversión de 56,000 millones de dólares.

Ambos son recursos naturales suficientes para cambiar de la economía basada en el petróleo a la de las energías limpias. Para lograrlo, es necesario modificar las estrategias establecidas por el sector eléctrico y acelerar la transición energética de forma creciente desde ahora hasta el 2030.

El desarrollo energético de México, deberá basarse principalmente en

- energías solar-térmica,
- solar-fotovoltaica,
- eólica y
- biogás.

Sin embrago, es prudente combinarlo con el desarrollo de otras fuentes de generación complementarias, tales como:

- hidrógeno,
- corrientes marinas,
- oleaje,
- mareas.

Este último es otro recurso de energía natural no explotada hasta ahorra; ya que México cuenta con 11,122 km de litorales en los dos océanos; se puede utilizar la energía mareomotriz como complemento de la solar y eólica hasta alcanzar la suficiencia energética sin recurrir a combustibles contaminantes.

La meta general deberá ser:

- producir al menos, el 50 % de electricidad a nivel mundial con energías eólica y solar antes del 2030,
- complementando con otras energías alternas como indica el siguiente diagrama,
- pudiendo variar las proporciones dependiendo de las condiciones de cada zona.

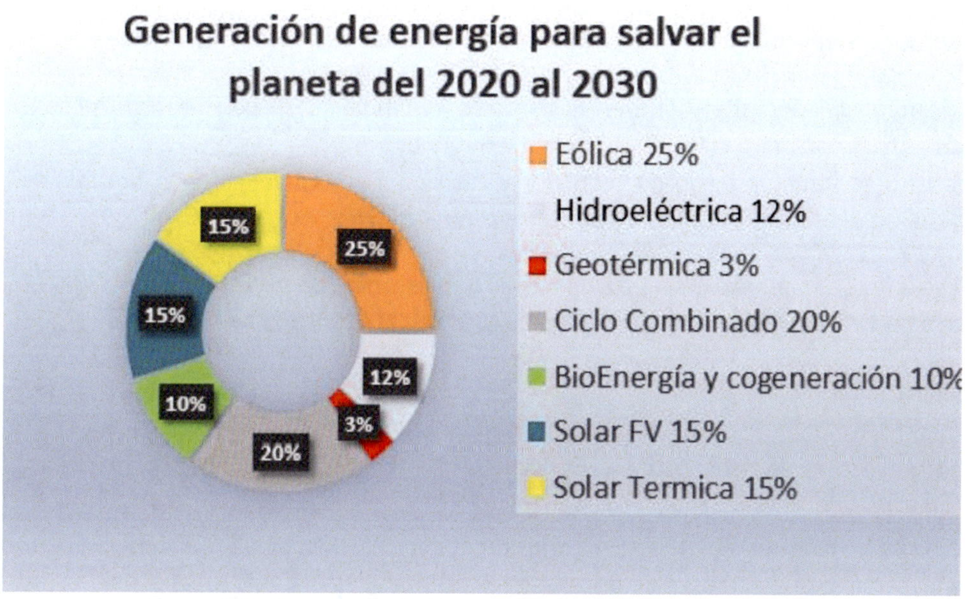

Figura 115. Porcentaje de Tipo de Generación de Energía Viable para Frenar el Calentamiento Global hasta 2030

- **Con el tiempo, *el biogás debe sustituir el ciclo combinado y la cogeneración*.**

Las tendencias de crecimiento de las tecnologías alternas son la solución, en este siglo XXI:

- **a la demanda energética mundial,**
- **al cambio de economía de los *combustibles tradicionales* a la economía de las *energías limpias,***
- **y al incremento del calentamiento global.**

V. ALGUNAS ESTRATEGIAS DE MERCADO PARA FOMENTAR LAS ENERGÍAS ALTERNAS

Para que un promotor considere seriamente el implicarse, se *debe:*

- ***crear un mercado claro y visible para las energías limpias;***
  - como para cualquier otra inversión,
    cuanto menor es el riesgo para el inversor,
    menores son los costos de suministrar el producto.
- ***crear un entorno estable a largo plazo con relativamente bajos riesgos para el inversor y suficientes resultados;***
  - como ya se ha destacado previamente, un beneficio clave de un creciente mercado energético alterno es ***la creación de empleos.***
    - **Se estima que el *empleo directo* e *indirecto mundial*, s**in incluir la producción de equipos y componentes, podría llegar a **100.000 empleos en 2020.**

Para atraer a los suministradores de centrales limpias a que establezcan fábricas,

- los mercados necesitan ser *fuertes, estables y confiables,*
- con un compromiso claro de expansión a largo plazo,
- *fabricar productos de larga vida útil y reciclables, sin caducidad programada que no generen desechos contaminantes, sobre todo hardware y software.*

En años recientes, un número creciente de países **han *establecido objetivos de energía renovable* c**omo parte de sus **POLÍTICAS DE REDUCCIÓN DE GASES DE EFECTO INVERNADERO**.

Estas se expresan:

- como cantidades específicas de **capacidad instaladas** o
- como **porcentaje del consumo energético.**

En consecuencia,

- **se crea un incentivo** para optimizar las tecnologías renovables en la mezcla de producción
- y se proporciona *una guía* de donde se necesitan:

CAMBIOS POLÍTICOS INMEDIATOS PARA ALCANZAR LOS OBJETIVOS PREVISTOS.

Pero los *objetivos valen de poco si no* se *acompañan* de **MEDIDAS QUE PROMUEVAN UN TERRENO DE JUEGO EQUILIBRADO** en los mercados eléctricos, para *eliminar las barreras* y crear un marco económico que *atraerá la inversión.*

En la situación actual convendría:

- *integrar las empresas de energías limpias a las universidades* para formar profesionistas especializados en energías limpias,
- *hacer cadenas productivas* que aseguren empleos y aceleren la transición a las energías alternas de diversos tipos, adecuados a las diferentes regiones.
- *Convertir las empresas petroleras a energías limpias,* como sugirieron **EXXON y BP en 1977 al Presidente de los EE.UU., Jimmy CARTER.**

VI. SUGERENCIAS

1º. **Fomentar el desarrollo de nuevas tecnologías limpias** *cambiando rápidamente* **el marco legal durante el 2020** en todos los países, favoreciendo el cambio de la *economía de combustibles fósiles, a la economía de energías limpias.*

2º. **Prospectar y consolidar proyectos *eólicos y solares de los 4 tipos*.**

3º. **Los proyectos de energía** deben ser **únicamente de "Energías Limpias": *hidráulicas, mare-motrices, eólica, FV, termo solar y solar,*** de gran y pequeña escala, **basados en estudios de impacto ambiental** *que contemplen el reciclaje de aspas de aerogeneradores y paneles fotovoltaicos* [nota 1.]

4º. **Cambiar en 5 años todo el parque vehicular terrestres y marítimos**:

- de gasolina y diésel a:
  - *gas,*
  - *eléctricos,*
  - *e hidrógeno(HHO),*
  - de aire a presión e impulso humano, producidos en fábricas o adaptados.

5º. **Cerrar las nucleoeléctricas a partir del 2020,**
iniciando ***con las que tengan mayor impacto ambiental.***

6º. **Cerrar las termoeléctricas antiguas, ineficientes y que**
***no cumplan con el estudio de impacto ambiental*, en un lapso de 1 a 3 años.**

7º. **Reemplazar el carbón por gas** en *las termoeléctricas modernas*, (menores de 5 años) **antes del 2022** y cerrarlas cuando sea posible, **antes del 2025.**

8º. **Cancelar** todos los **pozos de fracking** del mundo en 2020.
Cerrar la exploración y perforación de compañías petroleras en 2020.
En un periodo del **2022 a 2025**, **cerrar los pozos petroleros menos** productivos, iniciando con los que tengan mayor impacto ambiental.
Cerrar todos los pozos petroleros **en 2030**.

9º. Utilizar el **biogás** de reses y cerdos ***como combustible*** para **generar electricidad** y **mover vehículos.**

10º. **Transportar la energía generada como corriente directa** (CD) a países lejanos mediante cables adecuados para evitar pérdidas: 3% de pérdidas en 1000 km lo que abarata el costo del kWh.

Nota:
Giles Dickson CEO de **WindEurope** estima que, en 2023, *habrá 14,000 aspas desechadas que serán recicladas, se reutilizara el 80% como fibras de vidrio y de carbono.* En España harán lo mismo.

El reciclado de paneles fotovoltaicos será una gran oportunidad *a partir del 2030*. La firma **Geltz Umwelt Technologie**, adelantándose a los acontecimientos, *diseñó un proceso para recuperar cobre, plata, aluminio, silicio y vidrio.*

Desearíamos que *la contaminación de tierra, mar y aire causada por* pozos petroleros, refinerías, el fracking, carboeléctricas y núcleo eléctricas *fuera tan fácil y rápido como se planea hacerlo para las energías limpias.*

VII. PROPUESTA PARA LA TRANSICIÓN ENERGÉTICA

La mayoría de las proyecciones energéticas del 2020 al 2050, continúan *basándose en los combustibles fósiles con ligeros incrementos de las energías limpias,* como se ilustra en las siguientes tendencias:

SENER México 2017	16% en 2017 y alcanzará 47% en 2031
WEO World energy out look 2018	11% en 2016 pasará al 20% en 2040
IEA.org /Renewable fuels & Technology IEA 2018	26% en 2018 pasará a 50% en 2030
World Energy out look 2019 Análisys- IEA, iea.org	26% en 2018 pasará a 51% en 2040

Lo anterior, lejos de remediar la situación, *continuará agravándola.* Es necesario como Humanidad entera, decidir de qué manera queremos que nuestros hijos y nietos vivan el resto del siglo XXI. El siglo XIX fue la "edad del carbón mineral", el siglo XX se conocerá como la" edad de los combustibles fósiles", ojalá que la primera mitad del siglo XXI se conozca como la "transición energética hacia los combustibles alternos" y la segunda mitad se conozca como la "edad de los combustibles limpios".

Basándonos en los progresos tecnológicos de las energías limpias en los últimos 20 años, presentamos la *siguiente proyección para una transición energética exitosa:*

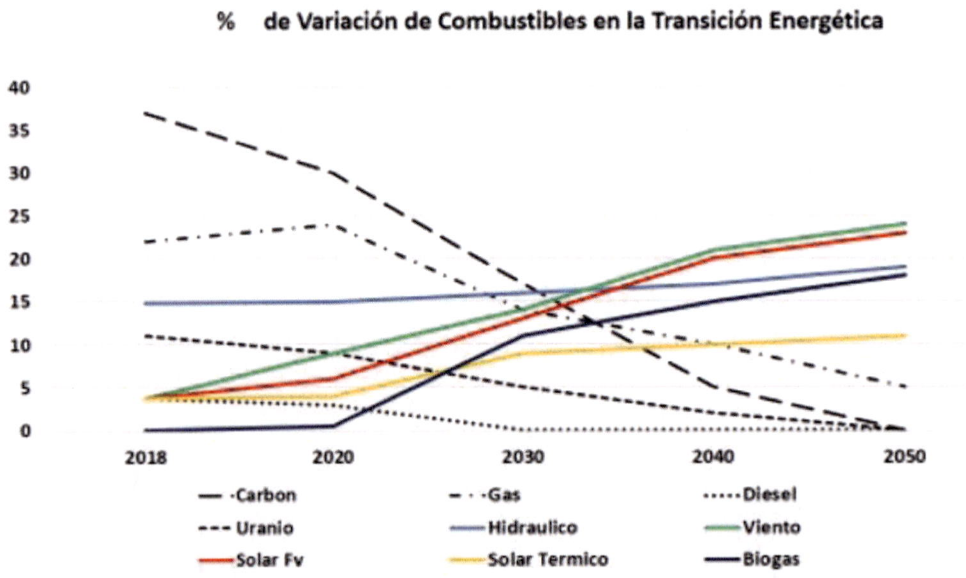

Figura 116. Disminución de los Combustibles Fósiles e Incremento de las Energías Alternas

La *transición energética debe hacerse rápidamente* para que el calentamiento global disminuya la tendencia actual, ver fig. 44, deseando que el ambiente de la segunda mitad del siglo XXI no sea tan inhóspito. **Alemania, Holanda y Dinamarca** son los países que han iniciado la transición energética, basándose *en leyes progresistas* que favorecen el desarrollo de las energías limpias con metas definidas para *cerrar núcleo eléctricas y carboeléctricas antes del 2050.*

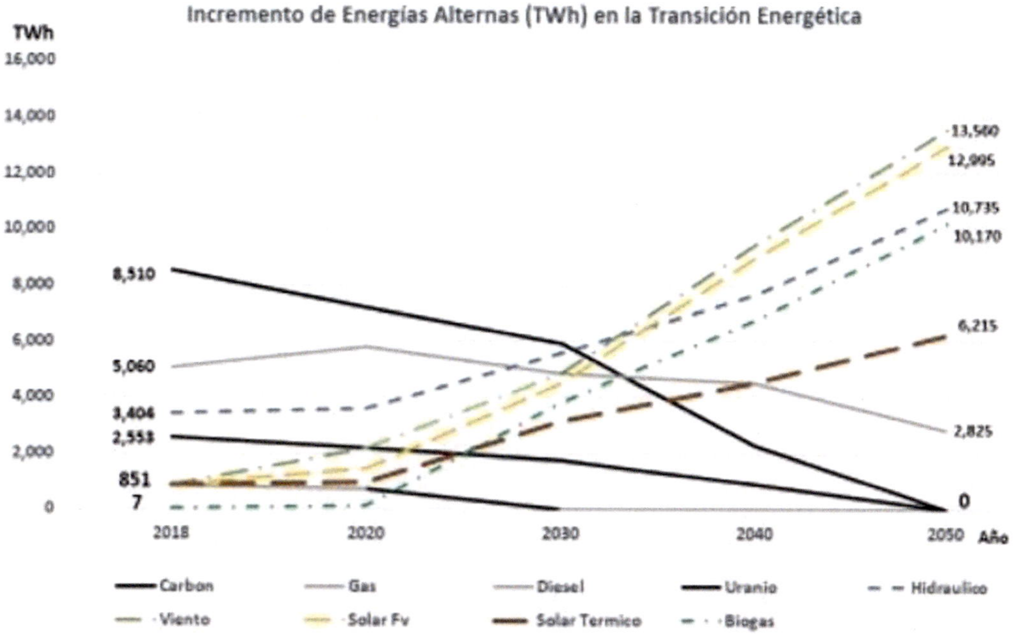

Figura 117. Tendencias de Crecimiento de las Energías Limpias en TWh

En esta gráfica, se considera ya el incremento de consumo de energía eléctrica por la *transformación industrial de motores de combustión a motores eléctricos.*

Esta transición energética *es posible en 30 años*: Alemania, como se había señalado previamente, la empezó en el 2011 y antes del 2040 estará libre de plantas nucleares y carboeléctricas. Algunos ciudadanos alemanes han dicho:

"Wenn's man will, dann kann man es...Auch wenn es schwierig ist".

Si quieres, puedes...incluso si es difícil

Comentan que es el lema de la "**EnergieWende**".
Podría ser el **lema de la Transición Energética mundial**:

"L'impossible n'est pas Français" *fr*
"When you want you can, even if it's difficult" *ingl*
"Quando voi puoi, anche se e difficile" *ital*
"Se voche quiser, pode est...mesmo que seja difícil" *port*
"Rúguó nin yuáni, nin kêyi gûji... jíshi kûnán" *chin*
"Iidha kunt turid yumkinik estha taa law kan man alsueb" *arab*
"Anata ga kansha shitainara anata wa suisoku suru koto ga dekimasu... Sore ga muzukashi baai demo" *jap*

Aún hay esperanza,
también hay seres humanos razonables,
responsables, con iniciativa,
aunque sea difícil...

NOTA: Es esperanzador saber que empresas mundiales anuncian ya **"META: CERO EMISIONES DE CARBONO"** tales como:

- **BRITISH PETROLEUM (BP)**

  Anuncia estrategias para alcanzar cero CO_2 en 2050 o antes.

  12/02/2020 www.bp.com/en/global/corporate/news

1. *Net zero across BP's operations on an absolute basis by 2050 or sooner.*
2. *Net zero on carbon in BP's oil and gas production on an absolute basis by 2050 or sooner.*
3. *50% cut in the carbon intensity of products BP sells by 2050 or sooner.*
4. *Install methane measurement at all BP's major oil and gas processing sites by 2023 and reduce methane intensity of operations by 50%.*
5. *Increase the proportion of investment into non-oil and gas businesses over time.*

- **AIR BUS**

  *Avión de 4 turbinas a gas y motor eléctrico, de pasajeros **"E-Fan-X"***

  23/05/19. Flyer. Mag

- **EVIATION AIR CRAFT Ltd**

  Avión 100% eléctrico. Flota de pasajeros. Israel.

  18/06/2019. Israel noticias.com

- **GRUPO AÉREO INTERNACIONAL. (IAG)**

  British Airways, Iberia, Aerlingus: "cero emisiones" de CO_2 en 2050

  10 de octubre, 2019. El País. Economía

- **EASYJET**

  Será la primera aerolínea con "carbono cero". Vuelos cortos con motores eléctricos.

  29/11/19 América Economía .com.

- **DELTA AIR. Cio.**

  Eduard H. Bastian, publicó que en la próxima década DAL será "carbono cero".

  14/02/2020. infobae.com. delta

SÍMBOLOS, SIGLAS Y ABREVIATURAS

Gases de efecto Invernadero (GEI)

SO_2 dióxido de azufre
CO_2 dióxido de carbono
NO_2 dióxido de nitrógeno
NO_X óxidos de nitrógeno
CH_4 metano
CFC cloro-fluoro-carbono. (Refrigeración y aerosol)

Gas combustible

HHO gas combustible generado por electrolisis.

Abreviatura de concentración

ppm partes por millón
ppb partes por billón

Metales y Compuestos Químicos

Ni níquel
U uranio
TNT trinitro-tolueno (Dinamita)

Siglas de Tecnologías Solares

DV Direct Current
FV Foto-Voltaico
CSP Concentradores Solar Cilíndrico-Parabólicos
ISCC Integrated Solar Combined Cycle (Energía Solar y Gas)
TSCC Termo Solar Ciclo Combinado
HVDC High Voltaje Direct Current
h-TES Almacenamiento Térmico Solar

Prefijos de cantidad, abreviatura decimal, valor según sistema internacional

kilo	$k=10^3$	mil	
mega	$M=10^6$	1 millón	
giga	$G=10^9=e^9$	1000 millones	(sistema anglo 1 billón)
Tera	$T=10^{12}=e^{12}$	1 billón	(sistema anglo 1 trillón)

h-TES horas de almacenamiento térmico de origen solar.
η eficiencia de energético original a energía eléctrica.

Unidades técnicas de energía

CALOR: Caloría(cal)	POTENCIA: Watt (W)	Producción de energía por hora(Wh)
kcal	kW	kWh
Mcal	MW	MWh
Gcal	GW	GWh
Tcal	TW	TWh

Unidades diversas

TEMPERATURA:	° ÁNGULO	PESO	ÁREA	VELOCIDAD
T	**PENDIENTE** 20° *veinte* **grados**	**g** gramo	**Km²** kilómetro cuadrado	**m/seg** metros por segundo
° **C grados** Celsius	**°** de Latitud	**kg** kilogramo **ton** tonelada	**ha** hectárea 100 m X 100 m =10,000 m²	**FECHA**
	° N grados norte	**Tm** tonelada métrica	VOLUMEN	**AC** antes de Cristo
	Lat. latitud norte		**m³** metros cúbicos	

MONEDA

$ dólar

€ euros

c€ centavos de euros

COSTOS

$/Wp dólar watt instalado **$/Wh** producido

Producción de Petróleo

lt/seg litros por segundo
BOP barril de petróleo al día o 42 US gallones = (3.785413 lt x 42) =158.987346 lt
Bp/s barriles de petróleo por segundo
Mbp/d millones de barriles por día
HHO gas combustible generado por electrolisis.

Siglas de organizaciones mundiales, o estatales

AMDEE	**A**sociación **M**exicana **d**e **E**nergía **Eólica**
Bii Nee Stipa	*"Viento que Trae Energía"* en Zapoteco *nombre del parque eólico en Oaxaca, México*
C4	**C**onsejo **C**onsultivo contra Cambio Climático de **SEMARNAT,** Nacional, México
CCDS	**C**onsejo **C**onsultivo para el **D**esarrollo **S**ustentable de **SEMARNAT**, Nacional, México.,
CFE	**C**omisión **F**ederal de **E**lectricidad
CNRS	**C**entre **N**ational de **R**echerche **S**olaire (Francia)
COP	Conferencia de las Partes de la Convención marco de las Naciones Unidas sobre Cambio Climático
EIA	**A**gencia de **I**nvestigación **A**mbiental (por sus siglas en inglés
GAIA	**F**igura mitológica griega de la tierra
GE BWR5	**M**odelo del reactor nuclear de Laguna Verde
GWEC	**G**lobal **W**ind **E**nergy **C**ouncil
IPPC	**P**lanes Intergubernamentales sobre el Cambio Climático.
ISE, Fraunhofer	**I**nstituto de **S**istemas de **E**nergía Solar (Alemania)
MIT	**I**nstituto **T**ecnológico de **M**assachusetts (EE.UU.)
PNUMA	**P**rograma de las **N**aciones **U**nidas para el **M**edio **A**mbiente
PNUD	**P**rograma de las **N**aciones **U**nidas para el **D**esarrollo
SENER	**S**ecretaría de **Energ**ía
USGS	**S**ervicio **G**eológico de los **EE.UU.**

TABLA DE ILUSTRACIONES

REFERENCIAS DE GRÁFICOS/FOTOS

1. **Curry, Judith.** Nature-unbound-viii-modern-global-warming. [Online] 2018. https://judithcurry.com/2018/02/26/nature-unbound-viii-modern-global-warming/.
2. **NOAA, Institution Oceanography.** Variación de CO2 en la atmósfera. Abril 2014.
3. **SEMARNAT.** *Cambio climático, ciencia, evidencia y acciones*. México : s.n., 2009.
4. **CLIMATE CENTRAL.** Anomalía de la temperatura global. *HABITAT Y CLIMA.* [En línea] Ciencia Plus, 2020. https://m.europapress.es/ciencia/habitat-y-clima/noticia-2019-confirma-segundo-ano-mas-calido-hay-registros-20200115184853.html.
5. **Gore, Al.** *Inconvenient Sequel: Truth to Power.* 2006.
6. **Aguirre-Sánchez, Daniela Patricia y Takashi-Sepúlveda, Rodrigo Hiros.** *DESCARGA TÉRMICA DE LA CENTRAL NUCLEOELÉCTRICA LAGUNA VERDE, VERACRUZ, MÉXICO.* MEXICO : UNAM, 2015.
7. **Ricardo Estévez.** El primer coche de la historia fue eléctrico. *Eco-Inteligencia.* [En línea] 2011. https://www.ecointeligencia.com/2011/09/el-primer-coche-de-la-historia-fue-electrico/.
8. **Viso, Esteban.** ¿Cuál fue el primer coche eléctrico? *Tecvolución.* [En línea] 2017. https://tecvolucion.com/cual-fue-el-primer-coche-electrico/.
9. **BBVA Communications.** ¿Quien inventó el coche eléctrico? [En línea] 2019. https://www.bbva.com/es/quien-invento-el-primer-coche-electrico/.
10. **McNamara, Robert.** The Drilling of the First Oil Well. *Thought Co.* [Online] 2018. https://www.thoughtco.com/edwin-drake-first-oil-well-1859-1773897.
11. **Interatom Shell.** *Estudio n°3 de1992 de Intertom/Shell.*
12. **AUTO BILD.** Historia de los coches Ford n° 614. *AUTOBILD.es.* [En línea] https://www.autobild.es/coches/ford/historia.
13. **La Enciclopedia Biográfica en linea.** Henry Ford. *Biografias y Vidas.* [En línea] https://www.biografiasyvidas.com/monografia/ford/fotos6.htm.
14. **NASA.** nationalgeographic.com.es/ciencia/actualidad/los-cientificos-obtienen-pruebas-directas-recuperacion-capa-ozono_12234. *Tecnoxplore.* [En línea] 2017. https://www.lasexta.com/tecnologia-tecnoxplora/ciencia/astronomia/agujero-capa-ozono-ahora-tan-pequeno-como-hace-anos_201711065a0590020cf2ebaa166f0873.html.
15. **NATIONAL GEOGRAPHIC.** Los científicos obtienen pruebas directas de la recuperación de la capa de ozono. *National Geographic España.* [En línea] 2018. https://www.nationalgeographic.com.es/ciencia/actualidad/los-cientificos-obtienen-pruebas-directas-recuperacion-capa-ozono_12234.
16. **MCGrath, Matt.** Confirman que la mayoría de las misteriosas emisiones de un gas que destruye la capa de ozono provienen de China. *BBC News Mundo.* [En línea] 2019. https://www.bbc.com/mundo/noticias-48381530.
17. *Variación deL bioxido de carbono en la atmósfera desde 1751.* **ENERGIA HOY.** s.l. : ENERGÍA HOY, 2006.
18. **Rodriguez, Pepe.** SENER, El Combustóleo Mata . *Ecologistas GREENPEACE.* [En línea] REDACCIÓN EFE.
19. **EIA Energy Information Administration.** *Monthly US Crude Oil Production , January 1920 to 2018.* s.l. : EIA, 2018.
20. **EIA Energy information Administration.** *Analisis de la producción petrolera en Mexico.* s.l. : EIA, 2012.
21. **EIA Energy Information Administration.** *Values of selected energy trade between Mexico and theUnites States 2008-2018.* s.l. : www.eia.gov U.S. Energy Information Administration, 2018.

22. **NN OPEC.** *Crude Oil Production:Latin America:Mexico.* 2017.
23. *Después del Petróleo..¿Que´?* **WTRG-, Economics y Cuéllar Jiménez, J.Antonio.** Puebla,Guadalajara, Cancún,Puebla : s.n., 2007,2008,2010,2016.
24. **International Nuclear Safety Center Database.** *Nuclear Electric plants worldwide.* s.l. : INSCD, 2016.
25. **AUTOBILD.** Vídeo | Japón prueba con éxito el primer avión comercial a reacción. *autobild.* [En línea] 2015. https://www.autobild.es/coches/ford/historia.
26. **Corbella, Josep.** EL MAYOR COHETE DE LA HISTORIA .Saturno V, el sueño lunar de un ingeniero nazi. *Lavanguardia.* [En línea] 2019. https://www.lavanguardia.com/ciencia/20190717/463398396202/aterrizaje-hombre-luna-apolo-11-cohete-saturno-v.html.
27. HISTORIA. Cronología de la llegada a la luna – MISIÓN APOLO 11. *CanalHistoria.* [En línea] 2019. https://canalhistoria.es/blog/cronologia-llegada-luna-apolo-11/.
28. —. ¿ Cuando se detonó la primera bomba atómica? *El chalco.inf.* [En línea] 07 de 2018. http://www.elchaco.info/2018/07/historia-cuando-se-detono-la-primera-bomba-atomica/..
29. *Y Después del Petróleo ...¿Que?* **Cuéllar, J.Antonio.** Puebla, Guadalajara, Cancún, Puebla : s.n., 2007.2008,2010,2016.
30. **EIA Energy Information Administration.** *Impacts of Drilling at the State and National Level*. s.l. : EIA, 2015.
31. **Horn, Paul.** *Pennsylvania methane emissions.* s.l. : Environmental Defense Fund, 2015.
32. **CNN.** *Los Peligros del Fracking en la Sierra Norte de Puebla.* [Consejo consultivo d'ecología,Puebla] Puebla, Mexico : CNN, 2015.
33. **Ramirez , Peniley.** *Respuesta de algunas comunidades al proceso Fracking.* s.l. : Reporte indigo, 2015.
34. **NASA;GISS.** *GISS Surface Temperature Analisis (GISTEMP V4).* 1880-2018.
35. **YEARBOOK, Global Energy Statistical, Ray, Mary Celine y 2019, Cuéllar Jiménez, J.Antonio.** Concentration del Metano de 1750 -2017. 12 de 06 de 2019.
36. **Global Energy Statistical Yearbook 2019.** *Consumo Mundial de Enegía Electrica.* 2019.
37. **METEOROLOGÍA.** A-Z Meteoglosario Visual. *AEMET.* [En línea] https://meteoglosario.aemet.es/es/termino/412_meteorologia.
38. **CENER.** Forecast or day 2019/08/14 at UTC. *Wind speed and directions in Western Europe.* [Online] SKIRON. http://www.cener.com/areas-de-investigacion/energia-eolica/areas-de-actuacion-en-energia-eolica/evaluacion-y-prediccion-del-recurso-eolico-epr/prediccion/velocidad-del-viento-europa/.
39. *TIDSSKRIFT FOR VIND ELEKTRICITET. Revista de electricidad eólica.* **La Cour, Poul.** Museet, Askov. Dinamarca : s.n., 1905.
40. *The Windmil Dynamo and Electric Light Plant of Mr. Charles F. Brush, Cleveland.* **Scientific American.** 25, New YORK : Scientific American, Dec 20th 1890, Vol. LXIII.
41. **Pacheco, Gabriel.** Dinamarca: el país que aprovecha la energía eólica como nadie en el mundo. *CCEEA.* [En línea] 2016. https://cceea.mx/blog/energia-eolica/dinamarca-el-pais-que-aprovecha-la-energia-eolica-como-nadie-en-el-mundo.
42. **Fernández Munguía, Sergio.** *La paradoja eólica de Dinamarca: aumenta su potencia instalada mientras reduce el número de turbinas.* s.l. : Diario Renovables, 2018.
43. **Roca, Jose A.** Los 15 mayores fabricantes de aerogeneradores del mundo: Vestas, líder, con una cuota superior al 20%. *El periodico de la energía.* [En línea] 18 de 04 de 2019. https://elperiodicodelaenergia.com/los-15-mayores-fabricantes-de-aerogeneradores-del-mundo-vestas-lider-con-una-cuota-superior-al-20/.
44. *Instalación de las aspas más grandes del mundo (entonces).* **Furlánderco.** Laasow, Alemania : Lufthansa, 2007.
45. **ENERDATA.** *Renewable Energy Research Progress in Mexico.* s.l. : Renewable and Sustainable Energy Rewiews, 2014. 32,140-153.
46. pqinsel. Energia Eolica en Mexico. *pqinsel.* [En línea] https:www.pqinsel.com/pq/energia-eolica-en-mexico/.
47. **American Wind Energy Association.** *Total Installed Wind Capacities.* 2004.

48. STRUCTURALIA BLOG. Gansu en China: la mayor instalación de energíaeólica del mundo. *blog structuralia.com.* [En línea] 26 de 03 de 2015. https://images.app.goo.gl/dVxoGMuqEKeVUN3r5.
49. Abengoa. Noticias. *abengoa.* [En línea] 12 de 12 de 2014. 115. www.abengoa.com/web/es/noticias_y_publicaciones/noticias/historico/2014/12diciembre/abg_20141215.html Zürich, Suiza. www.abb.com.
50. ABB. Distribución submarina de energía eléctrica con el sistema Zürich, Suiza. . *abb,com.* [En línea] 12 de 12 de 2014. 116. www.abb.com / Distribución submarina de energía eléctrica con el sistema Zürich, Suiza. .
51. Censolar de Estudios de Energía Solar CENSOLAR. *CURSO: Instalaciones de Energía Solar*. Sévilla : PROGENSA, 1997. pág. 4 (1.3.2). Vol. I.
52. ONU. *Energía Solar.* New York : s.n., 2003.
53. Solar GIS. *GeoModel Solar.* 2006 acutalizada 2015.
54. Bloomberg. *New Energy Finance & PV Energy Trend.* 2016.
55. National Geograpic. Revolución energética en Alemania, cómo combatir el cambio climático. *National Geograpic.es.* [En línea] 30 de 11 de 2015. https://www.nationalgeographic.com.es/ciencia/grandes-reportajes/revolucion-energetica-en-alemania-2_9762/1.
56. *Granjas Fotovoltaícas en Francia.* **Selecciones .** s.l. : Selecciones, 2013, Vols. abril pág 8,9.
57. China Merchants new Energy. Inauguran una planta de energía solar con forma de oso panda en Datong (China). *Panda Green Energy; estudiosolar.* [En línea] 13 de 08 de 2017. https://www.estudiosolar.es/inauguran-una-planta-de-energia-solar-con-forma-de-oso-panda-en-datong-china/.
58. China Merchants New Energy. Energía solar con forma de panda. [En línea] 24 de 04 de 2019. http:www. China Merchants New Energy/ Panda Green Energy 2019.
59. Media India Group. India becomes home to world's largest solar park. [En línea] https://images .app.goo.gl/pVCW6gc4U9epKubW7.
60. Parigi, Guilio. *Pittura murale nell Stanzino delle MATEMATICHE.* Firenze, Italia : 1599-1600.
61. Bahm, Raymond J. y Cuéllar Jiménez, J.Antonio. *Irradiación Solar en Mexico.* Albuquerque , COP CANCÚN : s.n., 2010.
62. *Energía Solar :CSP 1 MOJAVE 1975.* **National Geographic.** 3 pág 38, s.l. : NATGEO, 2009, Vol. 216.
63. *CSP 2-7 Kramer Junction 1985-1990.* **National Geographic.** 3 pág 38, s.l. : NATGEO , 2009, Vol. 216.
64. *CSP El Dorado Las Vegas 2007.* **National Geographic.** 3 pág.47, s.l. : NATGEO, 2009, Vol. 216.
65. *CSP Guadix España 2011.* **National Geographic.** 3 pág.47, s.l. : NATGEO, 2009, Vol. 216.
66. SENER. *CONCENTRATED SOLAR POWER SUMMIT.* San Francisco : SENER, 2008.
67. ABENGOA. Noticias. *abengoa,com.* [En línea] 12 de 12 de 2014. https:www.abengoa.com/web/es/noticias_y_publicaciones/noticias/historico/2014/12diciembre/abg_20141215.html .
68. —. Planta TSCC sal 2014 Abengoa. *abengoa.com.* [En línea] 2014. https.//www.abengoa.com /Planta TSCC sal 2014 Abengoa.
69. Global Status Report. *REN21 Renewable.* s.l. : REN21, 2019. 21.
70. IRENA. *Renewable Cost Database and Auction Database.* s.l. : IRENA, 2007.
71. Cabanyes, Coronel Isidoro y De La Mata, Luis. *Diseño de la Chimena Solar.* Madrid,España : s.n., 1906.
72. *Chimenea Solar.* **CIENCIA.** s.l. : CIENCIA, 1980.
73. Suzuki, David. *The Nature of Things : Visions of the Future (1).* s.l. : Mongrel Media Canada, 2009.
74. BrightSource Energy. Ashalim's Solar Tower is World'sTallest. *wableenergymagazines.com.* [En línea] BrightSource Energy, 27 de 12 de 2017. https://www.renewableenergymagazine.com/solar_electric/ashalim-s-solar-tower-isWORLDA-S2071227c.
75. ARCHDAILY. Ivanpah,solar power facility una impresionante granja solar en medio del desierto. *archdaily.mx.* [En línea] 2014. https://www.archdaily.mx/mx/02-323838/ivanpah-solar-power-facility-una-impresionante-granja-solar-en-medio-del-desierto..
76. Beijing Shouhang. Concentrated solar powerplant CSP, Molten salt in Dunhuang ,Gansu. *heloiscsp.* [En línea] http://helioscsp.com/wp-content/uploads/2019/06/La-primera-central-termosolar-de-sal-fundida-funciona-a-plena-capacidad-en-Gansu.jpg.
77. Stirling, Robert. *Motor de Robert Stirling.* Glasgow, Escocia : Museo Hunterian.

78. desconocido. *Disco Parabólico con motor parabólico.* Almería, España : s.n., 1904. explicacion del cambiode la foto en https://www.psa.es/es/instalaciones/discos/distal1.php.
79. FSA-TROPICO. *Wattpic y la ONG Bafalay llevan energía solar al Senegal.* Hukut : Energías Renovables, 2006. 2006/01/24.
80. Stirling Energy Systems,Inc SES. *Solar Dish Striling Systems Report for NREL CSP Technology Workshop.* Alburquerque : SES, 03/07/2007.
81. GOE. Dish Stirling Solar Thermal Power Generation System. *Dalian Great Ocean New Energy Development CO.,Ltd.* [En línea] https://susandgo.en.ec21.com/offer_detail/Sell_25kW_Dish_Stirling_Solar--19132371.html.
82. Cuéllar Jiménez, J.Antonio. *Visita de las Instalaciones.* Odeillo, Francia : s.n., 1998.
83. Phd Scheffler, Wolgang. *Avances del Proyecto Personal en la India.* Abu Road , India : s.n., 1986.
84. Cuéllar Jiménez, J.Antonio. *Proyecto personal "Soleil Energie Eternelle".* Puebla,Pue. México : s.n., 2003.
85. Global Energy Network Institute. *PV System Feasability* . s.l. : GENI, 2006.
86. Fraunhofer. *Renewables Energies.* s.l. : ISE, 2018. March.
87. Roca, José A. Las energías renovables baten en costes a los combustibles fósiles y cada vez son más baratas. *El periodico de la energía.* [En línea] 08 de 08 de 2018. https://elperiodicodelaenergia.com/las-energias-renovables-baten-en-costes-a-los-combustibles-fosiles-y-cada-vez-son-mas-baratas/.
88. Pleul , Patrick. Brandenburg. Alemania : s.n., 2019/01/29.
89. Fraunhofer. *Primeros Resultados.* s.l. : ISE, 2019, Junio.
90. 1971-2000 Mean Sigma.995 Wind Speed. [En línea] https://climate.gov.dataset.
91. SENER. *Prospectiva de CFE :2017-2031.* s.l. : SENER, 2017.

FUENTE BIBLIOGRÁFICA

CALENTAMIENTO GLOBAL		
TYNDAL, John Pág. 7,	***Concluyó: algunos gases de combustión bloquean la radiación infrarroja.*** **CIENCIA, EVIDENCIA Y ACCIONES "2009 Pág. 55** Revista: Semarnat Cambio Climático"	**1859**
ARRHENIUS, Svante Pág. 7	*Calculó el impacto que el aumento del dióxido de carbono podría tener en la temperatura de la Tierra* Revista: Semarnat Cambio Climático 2009 Pág. 56	**1896**
CALLENDAR, Guy Pág. 7	*The artificial production of CO_2 and its influence on temperature.* Revista: Semarnat Cambio Climático 2009 Pág. 56	**1938**
REVELLE, Robert R. Pág. 7	*Calculó* • *el balance del CO_2 en los océanos* y • el *efecto del calentamiento global sobre la temperatura promedio del planeta.* Revista: Semarnat Cambio Climático 2009 Pág. 57	**1957**
KEELING, Charles D Pág. 7	*Los primeros registros precisos de la concentración de CO_2 en la atmósfera.* Revista: Semarnat Cambio Climático 2009 Pág. 57	**1958**
MEADOWS, Denis Pág. 8	*LOS LIMITES DEL CRECIMIENTO.* **Informe** MIT. Club de Roma Editorial A POTOMAC ASSOCIATED BOOK	**1972**
BALDWIN, Malcolm Forbes Pág. 8	*Environmental Quality Council* *"No puede haber preocupación más importante que la protección de la Tierra misma".* www.tandfonline.com	**1981**
STEINMETZ, George Pág. 8	*"Diez y ocho meses de entrevistas y reportajes de trabajos de científicos, activistas y políticos americanos para informar cómo enfocar el CG"* https:// www.NyTimes.com.magazin	**2018/08 /01**
STERN, Nicholas Pág.8,109	*Estimó la remediación del calentamiento global en 20 % del PIB mundial en el* **"INFORME STERN"** Revista:" The Economics of Climate Change." Editorial N. STERN	**2006/10 /30**
NASA GISS, NOAA NCEI, ESRL Pág. 12	*Relación de la Temperatura Global y el contenido de CO_2*	**2018**
AGUIRRE SANCHEZ Daniela P Pág. 14	**TESIS:** **LAGUNA VERDE.** *UNAM* *Análisis de la descarga térmica de la Núcleo Eléctrica Laguna Verde al mar del Golfo de México*	**2015**
JAVA USGS Pág. 14,35	VISUALIZATION VIEWER: *Imagen de satélite de la descarga al mar de la Núcleo Eléctrica Laguna Verde.* http://glovis.usgs.gov	**2015**
VÁZQUEZ CASTELLAR Nelson **FLANNERY,** Tim Pág. 15,16	**EL CLIMA ESTÁ EN NUESTRAS MANOS** *La desaceleración o interrupción de la corriente del golfo.* Editorial Taurus	**2007**
LOVELOCK, James Pág. 15,16	**LA VENGANZA DE LA TIERRA** Editorial Planeta	**2007**

ORGANISMOS MUNDIALES & JEFES DE ESTADOS (1)			
CARTER, Jimmy Pág. 8,114	Presidente de los EE.UU.- Discurso *"Regresar al carbón temporalmente y pasar permanentemente a las fuentes de energía renovable, como el sol"* Editorial: Miller Center Public Affairs	**Video** VIRGINIA UNIVERSITY LIBRARY	**1977** **2004** **2018**
CUMBRE DE VIENA Pág. 24	*"Adoptar medidas apropiadas para proteger la salud humana y el medio ambiente contra los efectos adversos resultantes de las actividades industriales que modifiquen la capa de Ozono"*		**1985**
CUMBRE DE MONTREAL Pág. 24	Resultados posteriores: *Disminuyeron las dimensiones de los agujeros de Ozono*		**1987**
SHERWOOD Rowland, **CRUTZEN,** Paul **MOLINA,** Mario Pág. 23	*20 años después, les otorgan el premio Nobel de Química por los peligros de los CFC sobre la capa de Ozono y el descubrimiento de los agujeros en la misma.*		**1974** **1985 -** **1987**
BUSH, George W. H. Pág. 17	Candidato presidencial de EE.UU. *"Those who think we are powerless to do anything about greenhouse effect are forgetting about the White House Effect´ Including the Soviets and Chinese. 'We will talk about Global Warming'* Theconversation.com. On campaign/08/31 Marc Hudson, University of Manchester 2018/12/6	Campaña presidencial	**1988**
IPCC Pág. 9,10	**INTERGOVERNMENTAL PANEL ON CLIMATE CHANGE** *"El incremento de temperatura es inevitable"*	creación **Informes** 1 2 3 4	**1988** **1990** **1995** **2001** **2007**
IPCC Pág. 8	**REPORTE N° 1** *"El mundo se ha calentado y podría continuar esa tendencia"* Revista: Semarnat Cambio Climático 2009		**1990**
CUMBRE DE RIO, con IPCC Pág. 9	Crea marco de las Naciones Unidas sobre cambio climático. *Estabilizar la Concentración de GEI a un nivel que no altere el sistema climático.* Revista: Semarnat Cambio Climático 2009		**1992**
PROTOCOLO DE KIOTO Pág. 9	*Reducir 5% las emisiones de los países industrializados con base en las emisiones de 1990*	**Acuerdo Marco** **Entra en vigor**	**1997** **2005**
CLINTON, Bill Pág. 9	Presidente de los EE.UU. Periódico:" El País 1998/11/13	Firmó el Protocolo de Kioto	**1998/11** **/13**

<table>
<tr><th colspan="4">ORGANISMOS MUNDIALES & JEFES DE ESTADOS (2)</th></tr>
<tr><td>Al GORE
Pág. 9
Pág. 13</td><td>LA VERDAD INCÓMODA.
AN INCONVENIENT SEQUEL TRUTH</td><td>Conferencias / Video</td><td>2000
2006
2011-
Hasta hoy</td></tr>
<tr><td>BUSH, George W
Pág. 9</td><td colspan="2">Presidente de los EE.UU.
No ratificó el protocolo de Kioto.
"Cumplir la meta involucra mucho dinero" CG por CC
https://www.lavozdegalicia.es/noticia/sociedad/2019/01/21</td><td>2001</td></tr>
<tr><td>COP 16, Cancún
CUÉLLAR, Antonio
Pág. 10</td><td colspan="2">México ratificó el compromiso del Protocolo de Kioto.
"¿Y DESPUÉS DEL PETRÓLEO...QUÉ?"</td><td>Dic.
2010</td></tr>
<tr><td>MERKEL, Ángela
Pág. 10,11,65,72,73,
100,101,102,</td><td colspan="2">Canciller de Alemania
Toma decisiones después del accidente nuclear de Fukushima: adelantar el apagón nuclear.
https://www.nationalgeographic.com.es/ciencia/grandes reportajes</td><td>2011</td></tr>
<tr><td>COP 18, CUMBRE DE DOHA, Qatar
Pág. 10</td><td colspan="2">Se prolongan hasta 2018 los compromisos de Kioto que expiraban ese año.</td><td>2012</td></tr>
<tr><td>ROYAL, Ségolène
Pág. 41</td><td>Ministra de Ecología del Gobierno Francés promovió la ley Prohibió el fracking en el territorio francés.</td><td>LEY JACOB
Video</td><td>2011/08/
11</td></tr>
<tr><td>OBAMA,
Barak
Pág. 10,110,</td><td>Presidente de los EE.UU.
CLEAN POWER PLAN
https://youtu.be/r4lTx56WBv0</td><td>Video</td><td>2015</td></tr>
<tr><td>HANSEN, James
en :
COP 21 PARIS
Pág. 11</td><td colspan="2">Pronosticó las consecuencias del calentamiento global.
Terminó sin acuerdos y sin liderazgo definido.
"Todo fueron palabras sin valor"
"Promesas no acciones"
<u>Periódico:</u> The Guardian. 2015/12/13</td><td>2015</td></tr>
<tr><td>ACUERDOS DE PARIS Pág. 11</td><td colspan="2">Firmados el día de la Tierra sin consenso.</td><td>2016/04
/22</td></tr>
<tr><td>TRUMP, Donald
Pág. 11,110</td><td colspan="2">Presidente de los EE.UU.
Sale de los Acuerdos de Paris
Da marcha atrás al Plan de Energías Limpias del Presidente anterior, Obama <u>Periódico</u>: The Washington Post</td><td>2016
2017/06
/02
2018/09
/11</td></tr>
<tr><td>MARCELLESI,
Florent en :
COP 24 POLONIA
Pág. 11</td><td colspan="2">"Las decisiones y acciones de los gobiernos están lejos de los ciudadanos y de los científicos"
Pacto poco ambicioso
Grupo Verde español</td><td>2018/12
/16</td></tr>
<tr><td>GUTIÉRREZ,
Antonio
Pág. 11</td><td>Secretario General de la ONU
Convoca a:
Agenda de Cumbre sobre el Clima</td><td>New York</td><td>2019/09/
23</td></tr>
<tr><td>POFALLA, Ronald
Pág. 11</td><td colspan="2">Presidente de la comisión de Energía
En sesión de cámaras del gobierno alemán, hace declaraciones, anunció: "NO HABRÁ TERMO ELÉCTRICAS QUEMANDO CARBÓN EN 2038. LAS PRIMERAS 24 CERRARÁN ANTES DEL 2022". Erik Kirschbaum <u>Los Angeles TimeS</u>
https://www.elconfidencial.com</td><td>2019
2019/01
/26</td></tr>
</table>

REVOLUCIÓN INDUSTRIAL & CALENTAMIENTO GLOBAL			
SHERWOOD, Rowland Pág. 23	*Advierte en su libro de* **LOS PELIGROS DE LOS CFC SOBRE LA CAPA DE OZONO.** Editorial: Universidad de California en Irvine		**1974**
MCGRATH, Matt Pág. 24,25,26	Corresponsal de Medio Ambiente, BBC *Publica resultados del CFC detectados* por: OBSERVATORIOS DE MAUNA, JAPÓN Y COREA DEL SURurbeyorbe.com.ve/CFC-1	Publica: **Informes**	**1979** **2010** **2019/05/ 23**
MANNING, Alistair Pág. 24	Servicio Meteorológico De Ru. *Publicó que los observatorios detectaron un incremento en, la concentración de CFC proveniente del norte de China* https:// www.metoffice.gob	**Informe**	**2018**
PERRY, Claire Pág. 25	Agencia De Información Ambiental, EIA *Detectó 18 empresas en el norte de China que utilizan CFC -11 como aislante.* https://www.pressreader.com	**Informe**	**2018**
RIGBY, Matt Pág. 25, 26	*"Una tonelada de CFC-11 equivale a cerca de 5000 toneladas de CO_2"* mattrigby.blog.ac.uk	**Universidad de Bristol - Inglaterra**	**2019**
IEA Pág. 27	ENERGY ADMINISTRATION Publicaciones	**Informes**	**2008** **2016**
US ENERGY ADMINISTRATION Pág. 26	**INFORMATION:** Mexican Petroleum Production /year		**2008/A g.**
KLAPROTH, Martin H Pág. 34	*Descubrió el uranio como óxido de Uranio* Encyclopédie Alpha Pág. 5953		**1789**
ASOCIACIÓN MUNDIAL DE OPERADORES NUCLEARES Pág. 34	**EVALUACIÓN DE LA CENTRAL NUCLEAR DE LAGUNA VERDE** *Dieron CALIFICACIÓN REPROBATORIA por problemas serios de operación, dosis altas de radiación y manejo inadecuado de residuos radiactivos.* www.jornada.com.mx *www.infobae.com/america/mexico/2019/06/12*	**Informe**	**2011/03 /16**
GREEN PEACE MÉXICO Pág .34	**LAGUNA VERDE:** **EL TURBIO HISTORIAL DE UNA PLANTA NUCLEAR EN MÉXICO** www.pateandopiedras.com		**2011/01 /03**
GODOY, Emilio Pág. 34	Periodista **LAGUNA VERDE, UNA BOMBA DE TIEMPO ENVUELTA EN MENTIRAS.** Revista Proceso, edición 2211	*LEY DE TRANSPARENCIA*	**2019/03 /17**
TRAFICO AÉREO ALREDEDOR DEL MUNDO Pág. 37	*13,000 a 16,00 aviones/día,* www.FlightRadar24		**2018**
AZURMENDI, Lorena Pág. 37	Ex Guía de Medio Ambiente **VUELOS EN AVIÓN: CONOZCA LAS IMPACTANTES CIFRAS DE CONTAMINACIÓN QUE GENERAN** **www.guioteca.com**		**2015**

SMITH, Bryan K Pág. 38	Jefe de la Exploración Vehicle Office CENTRO JOHN H. GLENN NASA. **TURBIO ASUNTO DEL IMPACTO ATMOSFÉRICO DE LOS LANZAMIENTOS ESPACIALES** Revista: Scientific American		**2018/06 /01**
LINARES Ruiz, Juan Pág. 40	Columnista **LOS ENSAYOS NUCLEARES Y EL CALENTAMIENTO GLOBAL** *" Aporrea.org"*		**2012/08 /29**
HORN, Paul Pág. 42,43	ENVIRONMENTAL DEFENSE FOUND (Editorial) **INSIDE CLIMATE NEWS** **FRACKING BY THE NUMBERS: KEY IMPACTS OF DIRTY DRILLING AT THE STATE AND NATIONAL LEVEL.** Pág. **30"**		**2014/04 /14** **2015**
ROGERS, Deborah Pág. 44	Economista **SHALE GAS OR SHELL GAME** *shaleshockmedia.org* **ECONOMICS OF FRACKING** *YouTube Premium.IsaacFord*.	**Conference Video**	**2012/01 / 2014** **2017/08 /21**
CNN Pág. 44.45,46	**LOS PELIGROS DEL FRACKING EN LA SIERRA NORTE DE PUEBLA. México** *https://m.youtube.com*	**Video**	**2014/06 /11**
RAMIREZ Peniley Pág. 47	**REFORMA ENERGÉTICA EN MÉXICO** *reporte índigo.com*	**Informe**	**2013/08 /16**

CONCLUSIÓN: Primera Parte

NASAGISS NASA'S GODDARD INSTITUTE for Space Studies Pág. 51	**ÍNDICE DE TEMPERATURA GLOBAL OCÉANO- TIERRA** *temp.data.giss.nasa.gov*	**Informe**	**2016** **2019**
SWINDLES, Graeme T. Pág. 53	**CLIMATIC CONTROL ON ICELANDIC VOLCANIC ACTIVITY DURING THE MID-HOLOCENE.** Pág. 46– 50. Revista **Geology**		**2017**
INSTITUTO WEISMANN Pág. 54	**UNIVERSIDAD DE NEW JERSEY, ISRAEL.** **METANO DE ORIGEN ANIMAL:** *Se estima que el metano de origen animal de incrementa 1% / año.* https:magnet.xataca.com fvs/vidasostenible.org		**2017**
INSTITUTO WEISMANN Pág. 54	**UNIVERSIDAD DE NEW JERSEY, ISRAEL.** *Antes del año 2000: el metano animal ..* *Tendencias Científicas21.net*		**2017**
RAY, Mary Celine Pág. 54	**CONCENTRACIÓN DE METANO** *En 1750 había 730 ppb, en 2017 alcanzó 1850 ppb.* ***www.Futura.sciences.com***		**2019/06 /12**
SAUNOIS, *Marielle* Pág. 55	**«LES EXPERTS DU CLIMAT»** *El efecto del metano sobre el calentamiento global es de 25 a 36 veces más potente que el* CO_2. CNRS le journal		**2019/07 /24**

ENERGÍAS LIMPIAS/ ENERGÍAS ALTERNAS			
GLOBAL ENERGY Pág. 58	**STATISTICAL YEARBOOK: CONSUMO MUNDIAL DE ENERGÍA ELÉCTRICA** Yearboer%20ok.enerdata.net	**Informe**	**2019**
INTERNATIONAL RENEWABLE ENERGY AGENCY Pág. 58	**TENDENCIA ACTUAL DE CONSUMO MUNDIAL DE ENERGÍA** https://energiaunam.wordpress.com/2010703/08/197		**2010**
METEREOLOGIA. GENET Pág. 59	**MAPA GENERAL DE VIENTOS EN EL MUNDO.** Glosario de Meteorología.aenet.es		**2019/08 /14**
CENER Pág. 60	**CENTRO DE ENERGÍAS RENOVABLES** **MAPA EÓLICO DE EUROPA** en tiempo real Cener.com		**2019/08 /14**
LORD KELVIN Pág. 61	**HISTORIA DE LA ENERGÍA EÓLICA.** *Creó un generador eléctrico para molinos de viento.* Ekidom.com		**1880**
BRUSH, Charles F Pág. 61	*Inventó el dinamo y fabricó la primera turbina eólica.* http://xn--drmstre-64ad.dk/wp-center/wind/miller/windpower%20web/es/pictures/brush.htm		**1888**
LA COUR, Poul Pág. 62	*Fabricó los primeros aerogeneradores.* **TIDSSKRIFT FOR VIND ELEKTRICITET** Primera Revista de electricidad eólica		**1897** **1918**
AMERICAN WIND ENERGY ASSOCIATION Pág. 67	**TOP 5 COUNTRIES WITH HIGHEST TOTAL INSTALLED WIND CAPACITY**	**Informe**	**2004**
GWEC Pág. 67	**GLOBAL WIND ENERGY COUNCIL AVERAGE SIZE OF NEW INSTALLED WIND TURBINE .2018**	**Informe**	**2017**
CENSOLAR Pág. 70	**CENTRO DE ESTUDIOS DE ENERGÍA SOLAR, ESPAÑA.** **CURSO PROGRAMADO. TOMO I, PÁG. 4(132*)***		**2003**
ONU Pág. 71	Publicación de **la EQUIVALENCIA DE LA RADIACIÓN SOLAR TÉRMICA Y LOS COMBUSTIBLES FÓSILES**		**2003**
BECQUEREL FRITTS, **CHAPIN** Charles Pearson y **PRINCE** Pág. 72	*Descubrimiento de creación progresiva de fotoceldas.*		**1893** **1950**
SOLAR ELECTRIC, SEGS Pág. 78,79	TECNOLOGÍA CSP *1ª planta termosolar cilíndrico parabólica: "Solar One" Desierto de Mojave Cal.-Andasol 1 ,2, 3, y 4* Revista" NATGEO, VOL. 216- NO 3 PG. 38., 47"		**2009/0 9**
O'DONNELL, John Pág. 79	***"New way to store solar energy for nighttime and cloudy days"*** www.ausra.com. Periódico: NEW YORK TIMES		**2008/04 /15**
ABENGOA SOLAR Pág. 85	*Concentradores solares de torre:" Torre Solar Sanlúcar".* Abengoa Solar.com		**2009**
SES STIRLING ENERGY SYSTEMS Pág. 91,92	*Concentradores Termosolares con motor STIRLING* Revista SES STIRLING ENERGY SYSTEMS. Cubierta, Pág. 14, Pág. 15		**2007/03 /07**
ORIENTAL GREAT OCEAN NEW ENERGY Pág. 92.93	*Concentrador Solar Parabólico con MOTOR STIRLING* www.Oriental Great Ocean New Energy.com		**2019/05 /24**

Pág. 96	**CUADRO COMPARATIVO DE LOS SISTEMAS SOLARES DE GENERACIÓN DE ELECTRICIDAD.:** Citados en el texto para la elaboración del cuadro		**2019**
INSTITUTO FRAUNHOFER Pág. 99,100,101	PARA SISTEMAS DE ENERGÍA SOLAR (ISE) **CRECIMIENTO RECIENTE DE LAS ENERGÍAS ALTERNAS**	**Informes**	**2017** **2018** **2019**
SOLHEIM, Erik Pág. 99	Director Ejecutivo Ambiental de la ONU **CRECIMIENTO DE LAS ENERGÍAS ALTERNAS.**	**Informe**	**2018**
INSTITUTO FRAUNHOFER Pág. 100	**COMPARACIÓN DE COSTOS DEL KWH GENERADO POR ENERGÍAS ALTERNAS Y COMBUSTIBLES FÓSILES.** El Periódico De La Energía. ESPAÑA		**2018/08/ 08**
CFE, México Pág. 100	*"CFE paga* ***200% más por carbón importado de Australia****. Contrato de 30 años por* ***43,200 millones de USD****. Para* ***carboeléctricas Petacalco y 4 más.*** ***El kWh generado es más caro que el de Energías alternas".*** **Periódico "La Jornada"**		**2008**
ENERGIEWENDE Pág. 102,117	Lema de la Transición Energética: *"Wenn's man will, dann kann mas es Auch wenn es schwierig ist"* Anónimo		**2010** **2012** **2019**
CONCLUSIÓN			
SENER México Pág. 107	**PROSPECTIVA DE CFE 2017-2030**	**Informe**	**2017**
NORMA OFICIAL MEXICANA Pág. 107	NOM-052 SEMARNAT-2005 Procuraduría Federal De Protección al Ambiente. ***Define residuos peligrosos,*** CO_2, SO_2 ***NOx,*** CH_4, ***CFC y la responsabilidad civil.***		**2005/12/ 15**
RCRA EE.UU. Pág. 108,109	THE RESOURCE CONSERVATION AND RECOVERY ACT **(RCRA EE.UU.):** ***residuos peligrosos,*** CO_2, SO_2 ***NOx,*** CH_4, ***CFC*** ***CERCLA: Crea un súper fondo para limpieza, remediación y confinamiento*** https://www.pca.tate.mn.us.waste		**1976**
KIRSCHBAUM Erik Pág. 109	En los **"ACUERDO DE PARIS":** REPORTAJES*:" Alemania es líder contra el calentamiento global. Y 200 países más, buscan limitar a 1.5°C el incremento de temperatura."* **Periódico "Los Angeles Time"**		**2018** **2019/01 /26**
TRUMP, Donald **Pág. 110**	Presidente de los EE.UU. *Dio marcha atrás a plan de energías limpias de Obama. Permite mayor desprendimiento de* CO_2 *de carbo eléctricas y 12 veces más Metano de pozos de fracking.* https://www.laizquierdadiario.mx/Desconcierto-en-el-mundo-del-fracking-tras-la-bancarrota-de-Weatherford? **Periódico "The Washington Post"**		**2019**
AMDEE Pág. 112	*México puede generar 90 – 109 TWh con energía eólica. 30% del consumo del país.* *Operan 170 MW, el 0.34% Total 319 TWh.* *Dato más reciente de CFE.* ***Análisis*** **PwC**		**2012** **2017**
SEMARNAT Pág. 9,112	**CAMBIO CLIMÁTICO:** **CIENCIA, EVIDENCIA Y ACCIONES. MÉXICO.** Publicación:		**2009.**
CUÉLLAR, Antonio Pág. 113 116,117	*"Propuesta para la Transición Energética mundial. Disminución de los combustibles fósiles e incremento de las energías alternas.* *Tendencias de crecimiento de las Energías Limpias."*		**2020/01 /13**

Antonio Cuéllar, nació en México, D.F. el 29 de octubre de 1938. Ing. Químico Metalurgista egresado de la UNAM, cursó Maestría en Metalurgia en la universidad de Grenoble, Fr. (1963 - 66). El mismo año ingresó al Instituto de Investigación Siderúrgica, IRSID, al este de Francia. Como investigador adquirió la habilidad de pronosticar los resultados esperados de un proceso y las posibles desviaciones, generando alternativas de solución para obtener el resultado esperado. Esta habilidad la ha aplicado en ámbitos de índoles diversas, basándose en hechos o acontecimientos presentes, concluye resultados probables, coloquialmente; se adelanta a los acontecimientos.

Estando en el IRSID, (1969), fue contratado por HYLSA, empresa del grupo ALFA (1969 -1992). Uno de sus logros más importantes en esta empresa fue liderar el grupo técnico, que de manera conjunta con OVAKO de Finlandia fabricaron el acero que desde entonces se utiliza en el concreto pretensado de las vigas para los claros de grandes puentes, pasos a desnivel y circuitos elevados del país. Se comunica en 4 idiomas y se adapta fácilmente al trabajo de equipo en diferentes entornos, por lo que participó como asesor internacional en la transferencia de la tecnología "HYL": a SIEMENS en procesos de metalurgia para la planta siderúrgica de Krakatao Steel, Indonesia (1979-1980) y a ILVA-ITALIMPIANTI, para el complejo siderúrgico MOBARAKE Steel, en Irán (1990 -1992).

El incremento de la población, la deforestación, la demanda de energéticos, la explosión del Ixtoc, el smog de las ciudades y el inicio del control de la contaminación ambiental, lo hicieron pensar a través de los años, como contribuir a disminuir el consumo de gas y gasolina. Fue así que al retirarse de HYLSA decidió estudiar como 2ª carrera, Energía Solar en la UNAM y CENSOLAR, a la que se ha dedicado hasta la fecha. Fue catedrático de tiempo parcial en la UDLA, Puebla y un referente como director de la 1er tesis de Energía Solar de la UDLA (1976-77).

Fabricó calentadores, estufas y hornos *solares* para comunidades rurales de Puebla y Morelos, incorporando paneles FV, biodigestores y generadores de Hidrógeno.

Participó en la Exhibición "Design for the Other 90%" invitado por el Museo Smithsonian de NY a presentar una estufa solar de forma parabólica, (2007).

En 2007, presentó por 1º vez la conferencia: "¿Y Después del Petróleo que...?" en el Centro de Convenciones de Puebla. Actualizando los datos, con esa persistencia que lo caracteriza la ha repetido en diferentes foros. Una ocasión en su alma mater, la UNAM, (2010) al decir que México dejaría de exportar petróleo y se convertiría en importador de gasolinas, un asistente notable dijo: "el *día que eso suceda me comeré sus papeles*", causando hilaridad en la audiencia...El autor aún lamenta no haberlo encontrado, ya son 156 paginas. La presentó en la COP 16 de Cancún, (2010) como miembro del Consejo Consultivo del Cambio Climático del Dr. Mario Molina. La propuso a Senadores y Diputados (2014) con acotaciones de los artículos involucrados para incluirlos en la Reforma Energética. Una vez más, en 2016 la conferencia fue parte del ciclo de la ISES, International Solar Energy Society, en el Centro Expositor de Puebla

El autor es optimista, pues estas tecnologías complementadas con otro energético pueden funcionar 24 hr 365 días al año. Confía que éste libro sea un agente de cambio en México y el mundo. Desea contribuir a lograr la tan necesaria Transición Energética de los combustibles contaminantes del siglo XX, a las Energías Limpias del siglo XXI ayudando a contrarrestar el calentamiento global.

Y espera vivir hasta 104 años para verlo, disfrutando del bosque donde habita con su esposa francesa desde hace 53 años.

Made in United States
Orlando, FL
04 November 2026

90139171R00088